消除烦恼
的42条法则

衍慈 著

团结出版社

© 团结出版社，2025 年

图书在版编目（ＣＩＰ）数据

消除烦恼的 42 条法则 / 衍慈著. -- 北京 : 团结出版社, 2025.1.
ISBN 978-7-5234-1278-7

Ⅰ. B821-49

中国国家版本馆 CIP 数据核字第 2024EU7687 号

责任编辑：刘　晶
封面设计：宋　萍

出　版：团结出版社
　　　　（北京市东城区东皇城根南街 84 号　邮编：100006）
电　话：（010）65228880　65244790
网　址：http://www.tjpress.com
E-mail：zb65244790@vip.163.com
经　销：全国新华书店
印　装：北京天宇万达印刷有限公司

开　本：145mm×210mm　32 开
印　张：7.25　　　　　　　　字　数：140 千字
版　次：2025 年 1 月　第 1 版　印　次：2025 年 1 月　第 1 次印刷

书　号：978-7-5234-1278-7
定　价：68.00 元
　　　　（版权所属，盗版必究）

出版说明

《消除烦恼的42条法则》是衍慈法师对《四十二章经》的解读。

据考证,《四十二章经》是佛教传入中国后的第一部汉译佛经。中国现存最早的佛教经录《出三藏记集》记载:"《四十二章经》一卷,《旧录》云:《孝明皇帝四十二章》,安法师(指东晋道安)所撰《录》阙此经。"并于其补充说明中提及明帝遣使者赴西域求法,"于月支国遇沙门竺摩腾译写此经还洛阳"。

和一般佛经不同的是,《四十二章经》不是一部完整的经,而是从众多经典中摘录精句而成。《历代三宝纪》卷四引《旧录》称:"本是外国经抄,元出大部,撮要引俗。"各章的内容多见于阿含部经典。

《四十二章经》共计四十二章,内容说明出家、在家应精进离欲,由修布施、持戒、禅定而生智慧,即得证四沙门果,包含了佛教修行的基本纲领。总的来说,佛教的修行就是消除烦恼,证得菩提。为此,本书在出版时取名为《消除烦恼的42条法则》,希望现代人通过阅读本书，学习两千多年前的佛陀智慧，认识烦恼的真相，从而从烦恼中得到解脱，达到内心的喜悦和平静。

为了增加本书的阅读体验，书中插入了若干富有禅意的摄影图片，同时还加入了苏东坡所书的行书《四十二章经》，让读者在学习经典智慧的同时，还能体会佛教的艺术之美。需要说明的是，由于《四十二章经》的译本历代流传不同，前后多达五种版本，法师在解读的时候，采用的是通行本，与苏东坡所书的经文略有差异，在此特作说明。

本书编者

2024 年 11 月

目录

序	1
缘起	4
经题与译者	6
经序	15
第一章 出家证果	21
第二章 断欲无求	31
第三章 割爱去贪	35
第四章 止恶行善	39
第五章 悔过灭罪	45
第六章 忍恶无瞋	49
第七章 恶还本身	55
第八章 尘唾自污	59
第九章 返本会道	61
第十章 喜施获福	65

71	第十一章 施饭转胜
75	第十二章 举难劝修
85	第十三章 会道宿命
89	第十四章 请问善大
93	第十五章 忍辱力明
97	第十六章 断欲见道
101	第十七章 灭暗存明
104	第十八章 无相会真
111	第十九章 假真并观
115	第二十章 身本无我
121	第二十一章 好名丧本
125	第二十二章 财色招苦
129	第二十三章 妻子甚狱
135	第二十四章 恋色障道

目录

- 第二十五章 欲火烧身 …… 139
- 第二十六章 降魔化他 …… 143
- 第二十七章 无著得道 …… 147
- 第二十八章 意马莫纵 …… 151
- 第二十九章 正念观女 …… 155
- 第三十章 欲火远离 …… 160
- 第三十一章 心寂欲除 …… 165
- 第三十二章 我空怖灭 …… 171
- 第三十三章 精进破魔 …… 173
- 第三十四章 适中得道 …… 179
- 第三十五章 去染即净 …… 183
- 第三十六章 举难再劝 …… 189
- 第三十七章 念戒近道 …… 192
- 第三十八章 无常迅速 …… 195

200 第三十九章 依教无差

204 第四十章 行道在心

207 第四十一章 直心出欲

211 第四十二章 一切如幻

序

衍慈法师，夙慧深厚，幼而聪敏，早结佛缘，皈敬三宝，持戒茹素，勤研教理，刻苦踏实，尤重行持。出家受具后，专修戒学，躬身实践，历年来先后创办佛教律仪净苑及佛教律仪学会等机构，四处讲学，广弘戒律，言传身教，成绩斐然。

法师秉性慈悯，关切社会、关怀众生，于学修弘化之余，特致力于佛教慈善救济社福事业，赈灾拯厄，护老扶幼，恤孤济贫，无私奉献而不遗余力。以无我之心，展现菩萨自利利他之精神，深为四众所赞叹、称扬。

时在末法，教理纷纭，众生徨惑，今为重宣佛陀为出家弟子说基本行持法之要义，法师特撰《消除烦恼的42条法则——佛说四十二章经的智慧》，以为修学者之导读及指引，并为弘扬正法，广结善缘，诚浊世难得稀有之善事。

按学界通常的说法，《四十二章经》乃佛教最初传入我国时的第一部经典。其于东汉明帝永平年间，由印度僧人迦叶摩腾和竺法兰在洛阳白马寺译出。据南朝梁人慧皎《高僧传》记载，竺法兰曾译佛经五部，"移都寇乱，四部失本，不传江左。唯

《四十二章经》今见在，可二千余言。汉地见存诸经，唯此为始也。"唯此为始"四字，充分证实了《四十二章经》在汉译佛经中的地位与价值。

本经全一卷，由四十二篇短文组成。全经主旨，在于对出家人的言语行止做出规范，指出出家人应如何立身行持，以及如何战胜修持过程中的障道因缘：由明辨是非、改恶向善、远离财色、断欲绝求、割爱去贪、舍爱得道，至念戒近道，行道在心。如是勤修布施、持戒、忍辱、精进、禅定而生智慧，最终得证四沙门果，圆满菩提之路。文中包含了佛教修行的基本纲领，综合了佛陀所说的大小乘法，亦充分反映了佛陀一生说法的主要内容，各章内容亦多见于阿含部经典。经文体裁属语录体，各章短小精悍，微言大义，蕴含哲理，不仅对出家人有指导作用，即便对一般在家人的生活也有诸多启示。

经中特别强调人命之短促、世事万物之无常，因此警勉佛弟子要紧握时间，多行善事，精进修道，排除种种障道的干扰，争取解脱。经中多以譬喻说理，生动活泼，警句迭出，无形中增加了论述的说服力。如："恶人害贤者，犹仰天而唾，唾不至天，还从己堕。"（第八章）"财色于人，人之不舍。譬如刀刃有蜜，不足一餐之美，小儿舐之，则有割舌之患。"（第二十二章）"爱欲之人，犹如执炬，逆风而行，必有烧手之患。"（第二十五章）……这些醍醐灌顶的佛语，含蕴着取之不尽、用之不竭的智慧宝藏。正如法师所说："这部经典的智慧，真是拯救众生，离苦得乐的妙方。"

　　法师今以巧妙之匙开启此智慧宝库，将全经四十二章经文，透过现代化之语言、生活化之体会，化繁为简，由浅入深，详为分述、解释，条理分明，思路清晰，每章更以"叮咛语"作为经义之概括与总结，如释经序文中指出："经序开始说'世尊成道'，此一'成道'观念，是整个佛教史最原始，也是最重要的哲理。受佛的道法者是比丘，所以先以比丘为榜样，给我们认识到，成佛是从人修成功的，以此来勉励修道人，若要成佛，不能忘却梵行，必须精进修行。"用词简练，亲切易懂，却又寓意深刻。无论对佛弟子还是普通读者来说，均是一本很好的修身养性读物。

　　今乐见此书即将付梓问世，欣喜之余，撮此数语，未敢云序，愿与有缘阅读者共勉之。

宽运
佛历二五五五年
岁次辛卯元月初十日于西方寺丈室

缘 起

二〇〇〇年,我在江西庐山西琳寺结夏安居,向大众师讲了这部《佛说四十二章经》。后来有护法信众将录音带请去细听,心生欢喜,得上海周道景居士把它整理出来,交由其子卢宙磊打字成为文档。当时的初稿,约有十七万多字,他们希望能把讲稿出版流通,广结法缘。此举深深感动了我,几经删了再改,改了又删,成为今日的版本。

此经是佛入灭后,由众弟子把佛陀的重要开示,结集而成。虽有人认为这是一部原始佛教的经典,但此经涵意甚广,既具原始佛教的精髓,亦有菩萨救世的精神,可谓融合了大小乘佛法的义理。佛弟子无论要自求解脱或救度众生,都应该依教学习。经中展现了佛度众生心切的悲愿,有次第地说明如何修行证果、自利利他。前部份主要教导如何破除我执,后部份开示如何破除法执,对我们现实人生富有启发作用,不只是佛弟子学佛的指南,也是人人都要修学的功课,除了引导我们如何修心养性之外,也可作为待人处世的圭臬。此经处处流露着佛陀的慈悲与智慧,故慈取此书名为《消除烦恼的42条法则——佛说四十二章经

的智慧》。由于慈学浅慧劣，有不完善之处，敦请诸方高贤慈悲赐正。

此书得以众缘成就，感谢周道景居士整理录音带，卢宙磊居士打字。更令我非常感激的是喜获ᴸ畅ᶠ怀老法师墨宝题字、ᴸ智ᶠ敏上师慈悲指正、ᴸ宽ᶠ运大和尚于百忙中赐序，感恩万分，阿弥陀佛。

贫尼衍慈于香港静虑室

佛历二五五五（辛卯）年正月初八日

（公元二〇一一年二月十日）

经题与译者

《佛说四十二章经》是从印度传到东土（中国）的第一部佛教经书，也是《佛遗教三经》其中之一。内容为教诫大众在个人修养和证道果上的要求，如何破我执和法执，自利利他，是佛弟子应当修学的经典。讲经之前，先提纲挈领，解释经题，掌握纲要，对经文内容作一大概了解。

经题

《佛说四十二章经》的经题有七个字，有通题和别题。经是通题，"通"是"同"的意思，佛所说的一切大小乘经典皆称为经。此外，佛弟子如菩萨、声闻、化人、仙人及天人所说的，只要能够上契佛的意旨，下化众生的根器，都可称为经。因为每部经的内容不同，所以题目也有异，"佛说四十二章"六个字是别题，正如每个人有自己的名字一样，"经"之一字，就像"先生"或"小姐"，只是通称。

根据天台宗七种立题，分有单三、复三、具足一。单即一数，人、法、喻中取其一。单者有人，而无法及喻，如《佛说阿弥陀

经》的佛是人,阿弥陀佛也是人,以人名得题,是单人立题。或有法者,而无人喻,如《涅槃经》,是以法而得名,是单法立题。单有喻,而无人法,有《大宝积经》喻佛法如珍宝聚在一起,只要我们肯去争取,都能够得到法宝,这是以喻得名,是单喻立题。

讲到复三,复者有两数,亦分有人喻、法喻和人法三种。人法,如《地藏菩萨本愿经》的地藏是人,本愿是法,此经无喻,是人法立题。法喻,如《妙法莲华经》,妙法是法,莲华是喻,而无人,是法喻立题。人喻,如《如来所说狮子吼经》,如来是人,狮子吼是喻,而无法,是人喻立题。

言具足一者,题中具足人法喻,如《大方广佛华严经》,大方广是法,佛是人,华严是喻,人法喻三者皆具备,所以名具足。

这部《佛说四十二章经》,佛是人,四十二章是法,没有喻,所以此经是以人法立题。以下再分别解释经题七个字。

"佛"字,梵语"佛陀耶",译成中文为"觉者",觉有三种意思:

一、自觉:凡夫执着世间一切为实有,未能觉悟(名不觉),不知诸法缘起缘灭,本无实性。佛已觉悟人生诸法实相,缘起性空,本无实性,称为自觉,所以与凡夫有别。

二、觉他:二乘人(声闻、缘觉)虽能自觉,但不能觉他,只管自己,住于涅槃,全无利他之心。他们与佛不同之处,在于佛以度众生为事业,能令他人也觉悟,称为觉他。

三、觉行圆满:菩萨的觉悟,超越一切二乘人,他们以平等心行菩萨道，虽然自觉觉他，但自利利他的修行还未圆满，不能与佛相比。佛陀既能自觉，又能觉他，两者皆圆满，所谓觉行圆满，即三觉圆满。同时具足法身、般若及解脱三德。

"说"者，悦也，意解作喜悦，佛应机施教，以说法度生为悦，就是佛陀亲口所宣说的这部《佛说四十二章经》，"四十二章"就是四十二个段落。佛灭度后，其弟子结集经藏时，把佛的教法，一章一章结集，成为一部经。每段开首几乎皆有"佛说"二字，把佛陀一生所宣讲的佛法，随顺众生的根器，所谓"随机说法，应病下药。"摘其最切要、归纳累集，成此经典。

"经"字含义很多，内容很广。根据《华严经》所说：经有十种含义，包括涌泉、出生、显示、绳墨、贯穿、摄持、常、法、典和径。涌泉，好像泉水从地底下源源涌出，义味无尽，吸之不完；出生，无量智慧；显示，能显诸佛妙理；绳墨，是规矩法则；贯穿，佛说的道理，一字一句，贯串成经；摄持，摄引众生，受持佛法；常，是自古至今，恒常不变；法，是三世诸佛都依从的修学法门；典，典范就是模范，如黑夜之明灯，迷途之指南；径，是途径，令迷者不会走错路。"经"总合而言，名契经，上契诸佛之理，下契众生之机。

经题介绍完了，那么，这部经是由谁翻译过来的？

译者"后汉迦叶摩腾、竺法兰同译"

汉朝分有西汉东汉，后汉即是东汉（公元二十五至二二〇

年)。在汉明帝永平三年(公元六二年)的时候,皇帝做了一个梦,见有一个人全身金光闪闪,由空中飞到宫殿内,第二日明帝上朝时,问诸文武大臣。当时的太史名叫傅毅,对皇帝说:"臣曾听说在印度有神,号之为佛,现在陛下所梦,可能是佛。"同时有一位博士叫王遵,他曾看过《周书异记》,里面记载,于周昭王二十六年(公元前一〇二五年),印度有大圣人出生,后传其教法,流布四方,于一千年后,就流传到中国。汉明帝听了这话,计算一下时间,周穆王到汉明帝的时间,大约一千年,即命大臣蔡愔、秦景、王遵等十八人,都是有名望的,如现在国际部、外交部的高官,派至印度取经。永平七年出发,他们在印度经过三年努力,至永平十年,取了很多梵文经典,并请了两位梵僧,就是迦叶摩腾和竺法兰二位印度和尚,一起来到我们中国。明帝对二位梵僧非常敬重,安排住鸿胪寺,当时鸿胪寺属于外交部,是政府一个最高级的机构。后来为了纪念白马驮经,在洛阳建白马寺,它是中国第一座寺院,亦是此经的翻译处,当时第一部翻译为中文的佛经,就是这部《佛说四十二章经》。

　　佛法传到中国之时,有五岳道士来障碍佛教的传播,加上从印度来的二位梵僧,受到汉明帝的器重,引起道教的嫉妒,禀告皇帝说:"佛教是外国教,不应在中国流传。"于是在永平十四年正月十五,聚集于白马寺,东西两边各设一坛,东边摆放道教的书,西边是从印度取回来的佛教经典及佛的舍利子,用火焚烧经典,以辨真伪。在白马寺的群众,看见道教的经书,全被烧毁,变成一堆灰，甚至平时具有灵术的道士，能飞天腾云（者），都失去了神通。至于佛教的经典，没有一丝毫受到损坏，舍利子更发出种种彩光，普照虚空，迦叶摩腾和竺法兰更显出神力，随着光明在空中游戏……在场的人，个个赞叹不已。这时在场的道教信徒都在哭泣，数百名道士皆被感动，皈依佛教。

汉朝以后，要知古德取经的困难，义净法师有偈曰："晋宋齐梁唐代间，高僧求法离长安，去者成百归无十，后者安知前者难，路远壁天唯岭结，沙漠遮日力疲殚，后贤未有谙斯旨，往往将经容易看。"晋宋齐梁唐代间，高僧求法离长安。

去人成百归无十，后者安知前者难。

路远碧天唯冷结，沙河遮日力疲殚。

后贤如未谙斯旨，往往将经容易看。

"晋宋齐梁唐代间"，这是朝代背景，晋分有西晋、东晋，晋以后是南北朝，隋朝，唐朝，唐分盛唐、中唐、晚唐。其间都有杰出的高僧，经过千辛万苦，九死一生，去印度取经，如唐玄奘大师曾发愿，"宁去西土一步死，不回东土一步生。"所以我们要学习古德求法、取经的精神，并要好好敬读经典。

 经 序

 叮咛语:

这部经典,是佛涅槃后,由他的弟子们,把他所说的一些精句,摘要编集。因此,这部经综合了佛陀所说的大小乘法,亦充分反映了佛陀一生说法的主要内容,从小到大,由浅入深。所以说,这部经典的智慧,真是拯救众生离苦得乐的妙方。

宋蘇文忠公書

四十二章經

世尊成道已作是思惟離欲寂靜是最為勝住大禪定降諸魔道於鹿野苑中轉四諦法輪度憍陳如等五人而證道果復有比丘所說諸疑求佛進止世尊教詔一一開悟合掌敬諾而順尊勅

经 序

佛陀于西土所说一代时教,弟子结集经典,中国诸师大德之译经,再能广为流通。为使次第分明,晋朝的道安法师,把经文分为三个大段,即序文、正宗文和流通文。圆瑛法师更将这三大段,做了个比喻:一部经好比一个人,序文是头,正宗文是五脏六腑,流通文是手脚,《佛说四十二章经》也是一样。经文开始时,说"世尊成道已"至"合掌敬诺,而顺尊敕",这一小段是序文;从第一章至第四十一章,是正宗文;最后第四十二章,则是流通文。以下是经序。

"世尊成道已,作是思惟,离欲寂静,是最为胜。住大禅定,降诸魔道。于鹿野苑中,转四谛法轮。度憍陈如等五人,而证道果。复有比丘,所说诸疑,求佛进止。世尊教敕,一一开悟。合掌敬诺,而顺尊敕。"

经序分有通、别二种。从"世尊成道已"至"而证道果"是通序,每部经的通序都是相同的,目的主要是作为证信,是佛所说,令闻者不会生疑。它包括六个条件，名"六种成就"，即法、闻、时、主、处、众。正如现代团体开会，议程列明会议的精神、主持报告者、时间、地点、在场听众等资料，才算有效。佛经也是一样，要六种成就具足，缺一不可。在本经里面，"世尊"是主成就；"成道已"为时成就；"鹿野苑"是处成就；"四谛法轮"是法体成就，法体是指开示的内容；"憍陈如"是闻成就；"等五人"是众成就。

佛根据众生需要，随机说法，此篇经序从"复有比丘，所说诸疑"至"而顺尊敕。"是别序，又名"发起序"。因为发起因缘不同，诸经内容各异，现将经序略作解释。

"世尊成道已"，佛有十种称号，"世尊"是其中的一尊称，表示佛陀是一切世人所共尊重的人物。释迦牟尼佛，以德立名，"释迦"代表"仁慈"，"牟尼"代表"寂灭"。寂灭是自利，仁慈是利他，生生世世的修行，都以仁慈寂灭为目标，使自觉、觉他、觉行圆满，成佛道。佛在十九岁时出家，先学外道，次往雪山，苦行六年，至三十岁，于十二月初八，夜睹明星，一刹那间，豁然大悟。"作是思惟"：如何能令一切众生，得到究竟快乐？"离欲寂静，是最为胜。"佛陀于是"住大禅定，降诸魔道。"禅者印度名"禅那"，中文翻译为"静虑"。静是定，虑是慧。从持戒开始为基础，得到定与慧，戒定慧三者相辅相成。佛陀住于大禅定中，运用戒定慧之力，降伏诸魔外道，成为贤劫一佛宝，示现于世间。

仁慈的释迦牟尼佛，首先在寂灭道场，为四十一位法身大士说《华严经》，因为在座的根器不对机，听不懂，没有办法接受最上乘法，佛陀惟有"于鹿野苑中"，为五比丘，三转"四谛法轮"。"谛"是真实不虚的意思，四谛说的是苦、集、灭、道。"苦"是世间之果，"集"是世间之因，"灭"是出世之果，"道"是出世之因。何谓三转四谛法轮？

第一是"示转法轮"。这是一种示范性的开示，道出"此是苦，有逼迫性"。谈到"苦谛"，数也数不尽，经里有说三苦、六苦、八苦及无量诸苦。举八苦为例，离不开生、老、病、死，此四苦的由来，是因为有个身体，肉体上就有这四相变迁，还有怨憎会苦（冤家碰头）、求不得苦（心愿难成）、爱别离苦（生离死别）和五蕴炽盛苦（身心交迫）。示转法轮是用人生实例来证明，此苦的逼迫性；"集谛"集是由贪瞋痴三毒所招感来的无量苦恼，所以说"此是集，招感性故"；"灭谛"是说若把烦恼灭除，便可证寂灭之快乐，故说"此是灭，可证性故"；"道谛"者，说的是从三十七道品起修，包括四念处、四正勤、四如意足、五根、五力、七觉支和八正道。总的来说，就是修戒定慧，故说"此是道，可修性故"。初转法轮，令上根者悟道。

第二是"劝转法轮"。是用一种劝告性的方法，说明因果报应。世人有这么多苦，都是从我们自己所造的业得来的，所以说"此是苦，汝应知。此是集，汝应断。此是灭，汝应证。此是道，汝应修。"劝导大家，尤其是中根者，若要离苦，可修四谛法而悟道。

第三是"证转法轮"。佛陀用自己所走过的路,断集修道,得寂灭之乐,作为证据,引导下根者,也要好好去修,说"此是苦,我已知。此是集,我已断。此是灭,我已证。此是道,我已修。"人生这么多苦,都是自己招感得来的,所以告诉大众,要"知苦断集,慕灭修道。"佛陀实在苦口婆心,这样讲了三次,名"三转四谛法轮",是为法宝初现于世。

"法轮",表示佛陀的教导,如旋转中的车轮,能辗碎众生一切烦恼,使凡夫成为圣人。此法轮具足佛陀的教化及众生的修行,令修行者破除诸惑,证悟真如。

"憍陈如等五人",是佛陀最初所度的弟子,他们与佛有亲属关系。太子初出家时,离开皇宫,其父净饭王曾派此五位亲信去追寻太子,太子为了修行学道,决心不归,五人无以复命,便跟随太子出家。佛陀得道后,履行了当年忍辱仙人(释迦牟尼佛的前身)对歌利王(昔日的憍陈如)所发的誓言,用四谛法度化他们,"而证道果。"僧宝从此出现于世间。

"复有比丘,所说诸疑",会中还有其他比丘,如迦叶、舍利弗、目犍连等,心中还有疑问,"求佛进止",如对苦与乐、常与无常的看法,五戒十善能合圣道否,四谛之理可修证否,能出三界否等等问题,必须请教佛陀,佛陀一连串的开示,被后人汇集成这部《佛说四十二章经》。

"比丘"是已出家并受具足戒者的通称,含有三义:其一是乞士。上乞法食,以诸佛法水来洗涤心灵,增长慧命,去除烦恼;

 经 序

为借假修真,下乞饮食,沿门托钵,以资养色身;与此同时,又给众生种福田。南传佛教如泰国、缅甸,现在还保留着佛世的精神,托钵乞食修苦行,但苦中有乐,这种法乐,金钱实在买不到,人家亦拿不走,这就是智慧啊!其二是破恶。恶者,指身口意三业的种种烦恼,用戒定慧三学,来息灭贪瞋痴,诸恶莫作,直至了生脱死。其三是怖魔。依教奉行佛陀的教诲,多一人学佛,即少一魔民,魔王必然怖畏。

佛陀这位大医王,对众生一切病,都有合适的药方,比丘们及与会听众,一心闻法,如饮甘露。经"世尊教敕"开示及教导,都"一一开悟",法喜充满,所有疑问,都懂得如何去取舍及处理。为了感恩佛陀的教导,"合掌敬诺,而顺尊敕",依教奉行,佛陀所说一一法门精进不放逸。

叮咛语:

经序开始说"世尊成道",此一成道观念,是整个佛教史最原始,也是最重要的哲理。受佛的道法者是比丘,所以先以比丘为榜样,给我们认识到,成佛是从人修成功的,以此来勉励修道人,若要成佛,不能忘却梵行,必须精进修行。

佛言辭親出家識心達本解無為法名曰沙門常行二百六十戒進
止清淨為四真道行成阿羅漢者能飛行變化住壽命動天地次
為阿那含阿那含者壽終靈上十九天於彼得阿羅漢次為斯陀
含斯陀含者一上一還即得阿羅漢次為須陀洹須陀洹者七死七
生便得阿羅漢愛欲斷者譬如四支斷不復用之

第一章 出家证果

佛言:辞亲出家,识心达本,解无为法,名曰沙门。常行二百五十戒,进止清净,为四真道行,成阿罗汉。阿罗汉者,能飞行变化,旷劫寿命,住动天地。次为阿那含,阿那含者,寿终灵神,上十九天,证阿罗汉。次为斯陀含,斯陀含者,一上一还,即得阿罗汉。次为须陀洹,须陀洹者,七死七生,便证阿罗汉。爱欲断者,如四肢断,不复用之。"

上面经序已作介绍,这第一章是正宗文的开始,说出家沙门证果的差别。佛说要证四果阿罗汉,必须"辞亲出家"。出家有四种,一、身心俱出家;二、身出家心不出家;三、心出家身不出家;四、身心俱不出家。身心俱出家者,荷担如来家业,住持正法,续佛慧命,将身体交给常住,永远不再从事世务,性命交予龙天,于五欲无顾恋,将此身心奉尘刹,最为上策;若外表是出家人,心恋世欲,念念不舍,是犹未出家;反之,身虽在家,有妻子儿女,而心不生染着,亦无异于出家;身心俱不出家者,对五欲耽生贪染,就如同世间一般凡夫俗子。出家涵意有三,出红尘(世俗)之家、出三界（欲界、色界、无色界）之家、乃至出无明（见思惑）之家。出家要发菩提心，"识心达本，解无为法"，自利利他，认识自心本具的佛性，与佛无二无别，以离欲清净之心，实行菩萨广大行愿，达见本来面目，并且能向他人解说大乘佛法的义理，利乐有情，才是"名曰沙门"。

沙门是梵语，是修行人的通称，包括比丘或比丘尼，译为"勤息"，要勤修戒定慧，息灭贪瞋痴。《瑜伽师地论》说：有四种沙门，一胜道沙门，谓解行俱胜，德高望重；二说道沙门，谓明了经教，而能说法度众生；三活道沙门，如为生活做经忏；四污道沙门，即破戒犯斋者。比丘"常行二百五十戒"，比丘尼三百四十八条戒，都是出家要受持的具足戒。戒通大小二乘，亦有出家在家之别，是根据自己的身份而去受持。受了戒，要好好护持戒体，"进止清净"，进是应该作持的，止就是不该做的，于行住坐卧，威仪具足，止恶行善，丝毫无犯，身心清净。"为四真道行，成阿罗汉"，依四谛法去修（详请参考序文），能证阿罗汉果。阿罗汉是梵语，有三种涵义：一、杀贼，杀尽内心贪瞋痴烦恼贼；二、应供，堪受人天供养；三、无生，不再受分段生死之苦。

"阿罗汉者，能飞行变化，旷劫寿命，住动天地。"四果阿罗汉，断尽见思二惑，超出三界，神力妙用，能飞行变化，一行一住，可以震动天地，寿命旷劫，随愿久住。

何谓见思二惑？见惑是知见上的迷惑错误，对理迷执，而产生烦恼。因烦恼使众生造业流落生死轮回，谓之惑，有八十八

使,是以三界四谛来分配。使是烦恼别名,对境生爱,执着不放,每一界各有苦、集、灭、道四谛,每一谛具有少许不同。贪欲、瞋恚、愚痴、高慢、疑惑,由于其性分钝,称此为五钝使。身见、边见、邪见、见取见、戒取见,此五种惑,其性锋利,故称为五利使。不知吾身为五蕴假合而成,妄执实有,则为身见。既有身见,计度死后断绝,或死后常住,有此两边之义,故名边见。拨无因果,谓作善无善报,作恶无恶报,名为邪见。见取见,以卑劣的知见,造种种卑劣的事,以为最殊胜,非因计因。戒禁取见,以不合理的种种戒禁,如持牛鸡戒等,便可升天得道,此即非果计果。以上十使,例表如下:

六种根本烦恼

- 五钝使
  - 一、贪——贪爱五欲
  - 二、瞋——瞋恚无忍
  - 三、痴——愚痴无明
  - 四、慢——骄慢高举
  - 五、疑——狐疑猜忌
- 五利使
  - 一、身见……执取五蕴身体
  - 二、边见……执取常断二见
  - 三、邪见……谤无因果、坏诸善事
  - 四、见取见……执持成见、非果计果
  - 五、戒禁取见……执持邪见、非因计因

十使

俱舍颂曰："苦下具一切，集灭各除三，道除于二见，上界不行瞋。"欲界众生迷于了四谛而生见惑，以上已谈到苦谛有十种烦恼惑，集灭二谛，除身见、边见、戒禁取见，各有七惑。道谛除身见、边见二见，具八惑，欲界共三十二惑。而色界与无色界，各有二十八惑，于四谛下各除一瞋，因上二界不起瞋恚，三界见惑共有八十八使。

思惑是思想迷惑错误，如贪瞋痴慢等烦恼是，有八十一品，即欲界有贪瞋痴慢四惑，色界与无色界各有贪痴慢三惑，合而为十。此十惑分九地九品渐断之，九地者，欲界五趣为一地，色界四禅天为四地，无色界四空天为四地，共九地。每地九品，即上上品，上中品，上下品，中上品，中中品，中下品，下上品，下中品，下下品，合共八十一品。以下是八十一品表：

```
                           思惑
        ┌────────────┬────────────┬────────────┐
       无色界         色界         欲界
     ┌──┴──┐      ┌──┴──┐      ┌──┴──┐
     慢 痴 贪     慢 痴 贪     慢 痴 瞋 贪
```

- 无色界：
  - 五、非想非非想处地……九品
  - 四、无所有处地……九品
  - 七、识无边处地……九品
  - 六、空无边处地……九品

- 色界：
  - 五、舍念清净地（四禅）……九品
  - 四、离喜妙乐地（三禅）……九品
  - 三、定生喜乐地（二禅）……九品
  - 二、离生喜乐地（初禅）……九品

- 欲界：
  - 一、五趣杂居地（天、人、地狱、鬼、畜生）……九品

共八十一品

"次为阿那含,阿那含者,寿终灵神,上十九天,证阿罗汉。"再说阿那含,即三果阿罗汉,又名为不来。证得此位者,于寿命终时,灵魂生至十九层天,要断欲界最后三品的思惑,不再受生欲界,得证三果阿罗汉。

"次为斯陀含,斯陀含者,一上一还,即得阿罗汉。"再说斯陀含,翻译为一来,即二果阿罗汉,于修道中断欲界九品思惑之前六品,尚余三品,故须一生欲界天,一来人间,所谓一上一还,方证阿罗汉。

"次为须陀洹,须陀洹者,七死七生,便证阿罗汉。"须陀洹者,已断三界八十八使之见惑,得证初果,逆凡夫之六尘,此云预流。虽谓初入圣流,但已超凡入圣,思想行为正确,不再堕三恶道,可是欲界思惑未断,故须"七死七生",往来天上人间,方证四果阿罗汉。附三界诸天表如下:

三界诸天

无色界四天

- 空无边处天……空无边处地
- 识无边处天……识无边处地
- 无所有处天……无所有处地
- 非想非非想处天……非想非非想处地

以上四天，色身已无，但具心识，故统名为无色界天。

四禅九天

- 无云天 ┐
- 福生天 ├ 三天为凡夫所居。
- 广果天 ┘
- 无想天……一天为外道所居。
- 无烦天 ┐
- 无热天 │
- 善见天 ├ 五天为三果所居，故又名五不还天。
- 善现天 │
- 色究竟天 ┘

以上九天，离乐舍念，故名舍念清净地。

欲界六天

- 四王天
- 忉利天

此二天在须弥山腰顶,故名地居天。

- 夜摩天
- 兜率天
- 化乐天
- 他化自在天

以上诸天,均离地悬处虚空,故名空居天。

以上六天,福报虽大,仍与我人同具饮食、男女、睡眠、诸欲,故统名为欲界天。

色界十八天

初禅三天:梵众天、梵辅天、大梵天 —— 梵系清净离欲义,离欲则心生喜乐,故名离生喜乐地。

二禅三天:少光天、无量光天、光音天 —— 无寻无伺,入定发光,故名定生喜乐地。

三禅三天:少净天、无量净天、遍净天 —— 身心最净,但乐无喜,故名离喜妙乐地。

以上十八天,远离俗欲,具妙色身,故统名为色界天。

三界见思二惑有那么多品类，最令人害怕的是爱欲。这爱欲往往把人支配着，令其背觉合尘，在六道轮回不休。解脱生死，必须要断欲爱，"爱欲断者，如四肢断，不复用之。"欲爱一断，永脱生死，喻身体的四肢断了，决不能再使用。故佛说出家，要识心达本，解无为法，断欲去爱，方能竖出三界，列入圣位。

叮咛语：

第一章谈的是割爱辞亲，出世俗家，要持戒清净才能证果。佛教有大小乘之别，小乘如阿罗汉等，非出家不能远离一切烦恼，令证四果；大乘则出家在家修行均可，只要发菩提心，以正知正见为宗旨，在现实生活中，不投机取巧，有仁有德，身虽未能出家，但心已出家，亦会有丰富的成果。

第二章 断欲无求

"佛言：出家沙门者，断欲去爱，识自心源，达佛深理，悟无为法。内无所得，外无所求。心不系道，亦不结业。无念无作，非修非证。不历诸位，而自崇最，名之为道。"

于前一章，佛陀教示出家沙门，要识心达本，解无为法，总说修行果位的差别。此第二章，阐明真理是绝对的，平等无二，不假方便造作，是修行者最崇高的目标。

经文"佛言，出家沙门者"，是为了解脱生死，弘法度众生，"断欲去爱"，舍弃五欲，远离尘念，专心致志，勤修梵行。"识自心源，达佛深理，悟无为法。"心源就是心性本源，如何认识心源，达佛深理？就是要认识自性，找回自性本来面目，这是修行目的，也就是佛法真谛最深义理，这种理是无为法。所谓无为无所不为，就是不起分别执着，三业清净，心如虚空，不为尘境所转，不为五欲所惑，"内无所得，外无所求。"对顺逆境界，皆能坦然接受，不喜不怖、不忧不惧。修一切善法，例如布施，虽属有为，而心无贪着，不求回报，无人我众生之相，自然进入无所求佛言出家沙門者斷欲去愛識自心源達佛深理悟佛無為內無所得外無所求心不繫道亦不結業無念無作無修無證不歷諸位而自崇證最名之為道

行,契悟无为之法。"心不系道,亦不结业。"就是《心经》所说的"无苦集灭道,无智亦无得",亦不被善恶诸惑业所系缚,如六祖大师所讲:"不思善,不思恶,正与么时,那个是明上座本来面目。""无念无作,非修非证。""无念"是无妄念,无妄念存在,就无烦恼。此时此刻,不会去造恶业,名"无作"。修行到极点时,无法可修,名"非修",因为道在心中,道即此心,心外无有一法可得,亦无佛道可成,故名"非证"。"不历诸位",心性本具,当体即是,不需经历初果、二果、三果、四果阿罗汉等修学所成,一念清净,豁然直入如来地。"而自崇最,名之为道。"这就是无上正等正觉的佛道。

引道霈禅师所说:"吾人现前一念心性,本自清净,一尘不染,所以有时污染者,皆欲与爱为之蔽也,欲爱断去,则一切烦恼,根本铲除,自心寂灭,默而识之,我佛深妙之理,可以洞达,真如无为之法,可以证悟矣,既悟无为,则内外凡圣之阶级,以及念作修证功行,皆不可得。奚必三祇旷劫,层累曲折,遍历四果,或信住行地等五十二位,而后名之为道哉!"

既知是心是道,大家要照顾好自己的心,时刻提醒自己,思想歪了,马上要觉悟过来,欲爱心起时,就要把它放下。我们要脚踏实地,将心住于道业上,不怕念起,只怕觉迟,老老实实去念佛修行吧。

叮咛语：

此章道出明理即可入道，历阶梯渐次诸位，直指本源，是顿教的开悟。学道若依此而修，即得道果，虽曰快速，身为凡夫，容易落空，不如渐教之脚踏实地，更为受用。

第三章 割爱去贪

"佛言：剃除须发，而为沙门，受道法者，去世资财，乞求取足。日中一食，树下一宿，慎勿再矣。使人愚蔽者，爱与欲也。"

上一章说无念无作、非修非证之理，恐修行者执理废事，易落偏空。事有显理之功，所以于此章佛陀赞叹头陀苦行的殊胜，少欲知足，生活简单，是断欲去爱之良方，如镜被尘所遮盖，要经一番磨练，把尘去掉，才能看清楚自己的本来面目！

"佛言：剃除须发，而为沙门，受道法者"，佛说：出家人剃除须发，谓去掉三千烦恼丝，现沙门之威仪，亦是割爱辞亲之一种象征。去接受涅槃不生不灭之理，行涅槃常乐我净之道，了脱生死，必须"去世资财，乞求取足"，一切金银楼房，资生财产，皆应舍去，这是入道的第一要素，三衣一钵，乞食求道，知足不贪。

"日中一食，树下一宿"，是以十二头陀苦行的食住为例。佛制比丘，为资身命，托钵乞食，日中一食，名"不非时食"，又称"持午"，通指午前十一时至午后一时。《毘罗三昧经》云："有

佛言剃除須髮而為沙門受道去世資財乞求取足日中一食樹下一宿慎不再矣使人愚弊者愛與欲

瓶沙王问佛何故日中而食？佛说早起诸天食，日中三世诸佛食，日西畜生食，日暮为鬼神食。"唐代以后，祖师对此一戒已有变通，因应人的体力去受持此戒。在这末法时代，身衰力弱者，如不能持午，也不要多食，多食会造成肠胃疾病，亦是修道的障碍。出家人，树下一宿，居无定所，或于树下、石上、坟墓，常坐不卧，专心办道，不自放逸，到处为家，不恋住处，以防止爱欲私念的萌芽生长。"慎勿再矣。"出家者要谨慎，对人的基本需求，无论衣食住行任何一方面，不要贪求，多添物质，所谓"东西多，麻烦多。"

"使人愚蔽者，爱与欲也。"有些不明理的愚蠢人，对物质、欲望看得很重，放不下，虽说是出了家，爱与欲蒙蔽着慧根，旧恋惜如命。明理的人，对爱欲、物质，看得很淡泊，能放得下，这样就得到自在，无忧虑、无烦恼。修行要在苦行中磨炼出来，这不一定要离开日常生活去求解脱，首要者，是在有生之年，能够做得好、活得自在、临命终时亦得往生极乐。怎样才算得上是活得自在？破除执着。可举禅宗五祖弘忍大师为例，他对所有弟子，不论在家、出家，都劝他们念《金刚经》，为的是令破执着。凡夫所执着的种种相，有我相、人相、众生相、寿者相。明白《金刚经》之理，是要把我相破除，我相不成立时，岂有人相？没有人相，就没有众生相可执着，即没有他非我是，心中自然清净有智慧。六祖慧能大师告白五祖说："弟子心中常生智慧！"现在，我们的心，不但没有常生智慧，反而是常生烦恼，充满爱与欲、贪瞋痴、人我是非，怎样去了脱生死！所以佛陀劝导世人，要切实苦修，因为这是断欲去爱的好方法也。

叮咛语：

凡夫因为沉迷于爱欲，所以才会在六道生死中轮回不断，也都是因为有爱欲的牵引，所以说爱欲让我们心中浊兴，正如经文所说，"使人愚蔽者，爱与欲也。"不断的交错，使人心纷乱了。因为爱欲不能自拔，结果就是身败名裂，祸患无穷。每天翻开报纸，一则则新闻，都可以让我们引以为鉴，所以我们要好好看顾着这颗心。

第四章 止恶行善

"佛言：众生以十事为善，亦以十事为恶。何等为十？身三、口四、意三。身三者，杀、盗、淫。口四者，两舌、恶口、妄言、绮语。意三者，嫉、恚、痴。如是十事，不顺圣道，名十恶行。是恶若止，名十善行耳。"

上章赞叹头陀苦行的殊胜，这第四章主要是劝人止恶行善。"佛言：众生以十事为善，亦以十事为恶。"世人的行为，可善亦可恶，虽举十事，亦能引申到做任何事，利益众生的是善事，反之便成为恶行。众生者，曾经历无量生死，轮回不息，又是集众缘所生，从五蕴（色、受、想、行、识）的众缘和合而成。于娑婆世界，要成佛作祖或自甘堕落，关键在于我们身口意三业，它可为善又可作恶，一念之差，便在六道循环。其实它的本性空寂，善与恶，尽在人为！我们可以把此十种事做成十善事。

"何等为十？身三、口四、意三。"十事包括身口意三业，身业即身之所作；口业即口之所语；意业即意之所思。"身三者，杀、盗、淫"，何谓杀？是对有生命的动物，断其性命。分有三品，杀人佛言眾生以十事為善亦以十事為惡何者為十身三口四意身三者殺盜婬以者兩舌惡罵妄言綺語意三者嫉恚癡不三尊以邪為真優婆塞行五事不懈退至十事必得道也

为上品，大罪也；杀畜生为中品；杀虫蚁等为下品。杀又分自杀、教他杀与见杀随喜三类。作为高等动物的人类，看见一切动物，应起怜悯心，要爱护它，给它三皈依，即皈依佛、皈依法、皈依僧，念佛回向。

盗，说的是物各有主，未得物主同意，不管东西多少，即使取去一针一线，所谓不与取者，是为盗也。五戒之中，有人认为盗戒比较容易持，实际上，盗戒既细且广，归纳起来，约有八种：一、公开劫取；二、暗中窃取；三、花言骗取；四、以势强取；五、诉讼巧取；六、威吓胁取；七、借物不还；八、应税不纳。大家要牢记，不要认为是小恶而为之，小小积累起来，就会变成多多，对不义或不净之财物，更不能擅自拿走。

淫，是于男女之间行不净行。出家人要断淫，没有男女性关系。在家受持的是不邪淫，遵从一夫一妻制，但也要有节制，禁非配偶间行淫。为了脱生死，超越三界，一定要断淫。欲界有爱，有淫，所以有六道轮回，怎样能脱离生死？也就是说，先要断其根，若淫念不除，禅定修得最好，虽有大智慧，都是魔业。无怪乎《楞严经》说：淫是生死的根本。

"口四者，两舌、恶口、妄言、绮语。"口有四恶：两舌而言，是喜欢讲两边话，挑拨离间，使两方都得不到安乐，严重的话，更可以一言丧邦；恶口，是粗犷咒骂，说伤害对方的坏话；妄言即是谎言，有不老实的小妄语，又有未证谓证的大妄语，能破坏僧众的和合；绮语包括一切无意义的轻浮语。有些人信口开河，讲话很随便，无惭无愧，还为自己的口业去辩护，要想一想，你的一句话，会带给人多少烦恼与伤害。保持口业清净，话到口边要停一停，尽可能守口如瓶，隐人之恶，扬人之善，没有利益的事就不要讲了。

"意三者，嫉、恚、痴。"嫉是妒嫉，他人胜于我，便怀有冷漠、排斥等心；恚就是瞋恚，怨恨之意，对我不利者，即憎恨愤怒；痴是愚痴，由于不明事理，不分真假、不知利害，生起种种邪见。

"如是十事，不顺圣道，名十恶行。"若不跟随佛陀教导，如法地去做，上述十事，是十恶行，令众生不断做业，在生之时，招惹烦恼，障碍自己的修养及道德行持，死后招来轮回六道的苦果。

"是恶若止，名十善行耳。"就是身不杀生、不偷盗、不邪淫；口不两舌、不恶口、不妄语、不绮语；意不贪、不瞋、不痴。这样转恶行善，犹如反掌，必须好好去实践。诸位同学，要有个认识，十善业是我们学佛的地基，万丈高楼，从地基而建，假使没有五戒十善的基础，人格达不到，想要成佛，根本不可能，都是纸上谈兵。太虚大师说："仰止于佛陀，完成在人格，人成即佛成，是名真现实。"所以学佛的前导，就是先行十善。

叮咛语:

这里点出的十恶行,是不顺圣道,其实这十恶行,也不利社稷,不利个人人格修养,必须去除。试问一个没有品德修养的人,会受人欢迎爱戴吗?而一个不受人欢迎的人,他个人的前途和人际关系,又会好吗?所以去十恶,实是自利利他的修持;行十善,于现在世,即得安乐无忧。

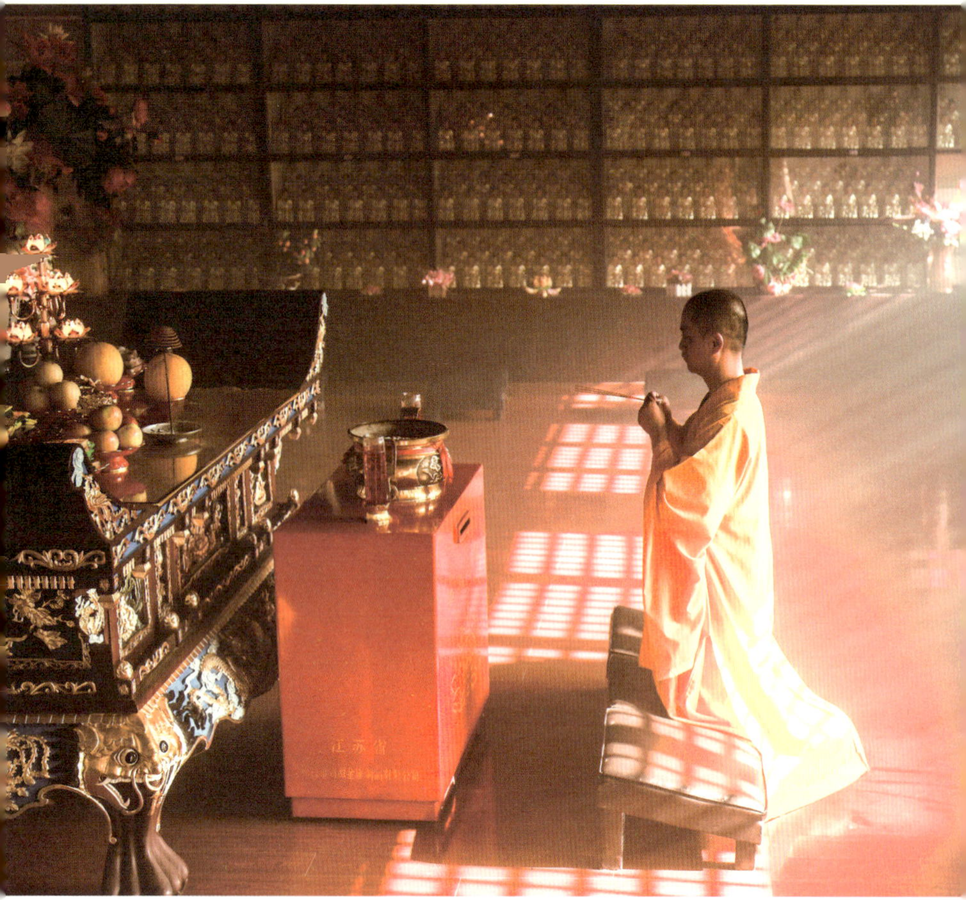

第五章 悔过灭罪

"佛言：人有众过，而不自悔，顿息其心。罪来赴身，如水归海，渐成深广。若人有过，自解知非，改恶行善，罪自消灭。如病得汗，渐有痊损耳。"

上章讲的止恶行善，若有人不承认自己有过失，哪里还有罪可言！什么是过？是指无心去做的轻恶，有心去做之重恶则名为罪。人非圣贤，谁能无过。本章是劝人有过须改，正如古人所说：知错能改，善莫大焉。于这方面，佛门给大家机会去忏悔，忏是忏前愆，悔是悔后过，肯改恶迁善，重新做人，罪则消灭。

经文开始时云："佛言：人有众过"，凡人在不知不觉中，往往造了很多过失，虽说无心而为，也成为罪恶的正因。例如讲一句话、做一件事，或一个动作，随随便便，使人生烦恼，这都是过。"而不自悔，顿息其心。"若不马上反省，发露忏悔，痛改前非，以后还会继续去犯。隐藏过失者，不顿息造恶之心，因习惯使然，只会不断造业。对无心之过，时间长了，积沙成塔，渐渐成为一个很大的作恶推动力，即是说无心的过也能成为罪啊！"罪

佛言人有眾過而不自悔頓止其心罪來歸心身猶水歸海言成×××何能免離有惡知非改過得善罪×消滅得會得道也

来赴身,如水归海,渐成深广。"罪业临身时,如川流归海,虽是点滴之水,经年累月,也会变成又深又广的大海。所以不要因为是小恶而为之,无心之过,可渐成大罪。在社会上造了罪,要受法律的制裁,在佛教的立场,所造的业,是有因果报应的。这一小段,告诉我们不肯忏悔的害处,下一段则说明悔过的利益。

"若人有过,自解知非":如果自己做了错事,肯承认错误,生惭愧心,深信因果,便要痛改前非,不复再犯。"改恶行善,罪自消灭。"若能改过自新,诸恶莫作,众善奉行,罪则消灭。忏悔有事忏与理忏两种,当知往昔所造诸恶业,要令不相续,必须立即回光返照,清净身口意三业,在佛菩萨像前礼拜、诵经,用各种仪式,尽情发露罪相,又或以立功来抵过,如喜欢讲是非的,现在不讲是非,用口来多念佛、念法、诵经;杀生多者,不再杀生,而去护生、放生,这是事忏。有忏悔偈云:"罪从心起将心忏,心若灭时罪亦亡,心亡罪灭两俱空,是则名为真忏悔。"说罪性本空,从心所造,心若空时,罪亦空,达到心罪二者,皆无自性,一切唯心造,这是理忏。"如病得汗,渐有痊损耳。"病比喻诸过,汗比喻忏悔,痊解病愈,损解病减。明白善恶皆由心造,只须时刻反省忏悔,止恶行善,终得清净,好像得严重寒病的人,出了一身汗后,身体恢复健康,病去灾除。有的人口虽说忏悔,但没有改过,而且还不断去造恶业。例如很简单的小事,搞到一塌糊涂,很复杂,在一个团体里面,有这样一个人,你说多麻烦,谁会喜欢他?我佛慈悲,苦口婆心,教导我们要反省,不断检查自己身口意三业,并要积极行善,不管人家对不对,我一定要对,只要你肯用真心去忏除以前做的不对,以后不继续再犯,即所讲:"随缘消旧业,更不造新殃。"每天改一点,很快就能圆满人格,做一个身心清净佛弟子。

叮咛语:

儒家所说的"知耻近乎勇"的"勇"字,用于改过上,令人有决心及勇气去面对,并力求改进。不论世间法或出世间法,自省改过,是人格提升的重要一课。至于忏悔,更加重要,因为懂得自省忏悔,我们才不会重蹈覆辙,不然错误不改,误了的不是他人,其实是自己。

第六章 忍恶无瞋

"佛言：恶人闻善，故来扰乱者，汝自禁息，当无瞋责。彼来恶者，而自恶之。"

上章劝人止恶行善，改过自新。本章说忍辱负重，不要瞋责恶人，因善必能胜恶，恶终不能敌善。

经文"佛言：恶人闻善，故来扰乱者"，假使有些恶人、心量狭窄的小人，自不行善，当听闻有人做善事时，就生起妒忌心，冷语嘲笑，白眼歧视，故意来捣乱找麻烦，这时候便要冷静地面对，逆来顺受。

"汝自禁息，当无瞋责。"自当反省思维，也许是过去自己的业力。努力控制自己身口意，不要被此等现象所动摇。莲池大师说："境风浩浩，凋残功德之林，心火炎炎，烧尽菩提之种。"外境五花八门，遇上这么大的刺激或引诱，这么多的顺逆境界，好像十级台风在吹，会否被外境所转，则视乎个人平日的修持了。如果没有定力，被人一拖后腿，马上下水或同流合污，与他用同一个鼻孔出气，那就麻烦了。小小事情，也受不住考验，起瞋恚心，发佛言人愚吾以吾為不善吾以四等慈護之重以惡來者吾往福德之氣常在此也害氣重殃反在于彼有愚人聞佛道仁慈以惡來善往故來罵佛、默然不答愍之癡冥狂愚使止問曰子以禮從人其人不納實理如之乎曰本歸今子罵我子自持歸禍子身矣猶響應聲影之追形終無免離慎為惡脾气，你不是给他度去了吗？吾人平日诵经、拜佛、念佛所修习的功德，所行的善事，虽不断积累善法种子，可惜境界一来，不能忍辱，无明火把所有菩提种子烧尽！所谓"一念瞋心起，八万障门开"，以怨报怨，循环不息，这样的修行，与六度中的忍辱波罗蜜，相去何止千万里，离所修的佛道，就更加遥远了，修道者一定要慎加防范。

所以说"彼来恶者，而自恶之。"若有恶人来伤害你、破坏你，不管是有意或无心，当下既然不能潜移默化作恶者，心勿存计较，忍耐一下，不用起瞋恚心，反正这是他自己在造业，与我无关。好比在镜中看见丑恶的人，是他自己的容貌丑恶，镜依然是明镜。倘生起一瞋恚心，等同把他人的恶事，变成自己的恶行一样。

古德永嘉大师证道歌有谓："从他谤、任他非，把火烧天徒自疲……"随便他怎样毁谤，怎样说我是非，他是手执火把，想要烧天，这怎么可能呢！反而火把拿久了，令人疲倦，掉过头烧到自己身上来。再举一例，苏东坡与佛印禅师经常在一起，吟诗作对，研究佛法义理。有一次两人在打坐，苏东坡问佛印禅师："你看我坐得怎么样？"佛印禅师答道："像一尊佛。"禅师又问苏东坡："我坐得如何？"他答："像一堆牛粪。"牛粪是这样的，下方大大，上方尖尖，多难看！佛印禅师没有作声，苏东坡很开心，认为自己于一问一答中，今天终于赢了这个和尚。回家后，把这件事告诉苏小妹，苏小妹说："哥哥，禅师默然没作声，其实是你输

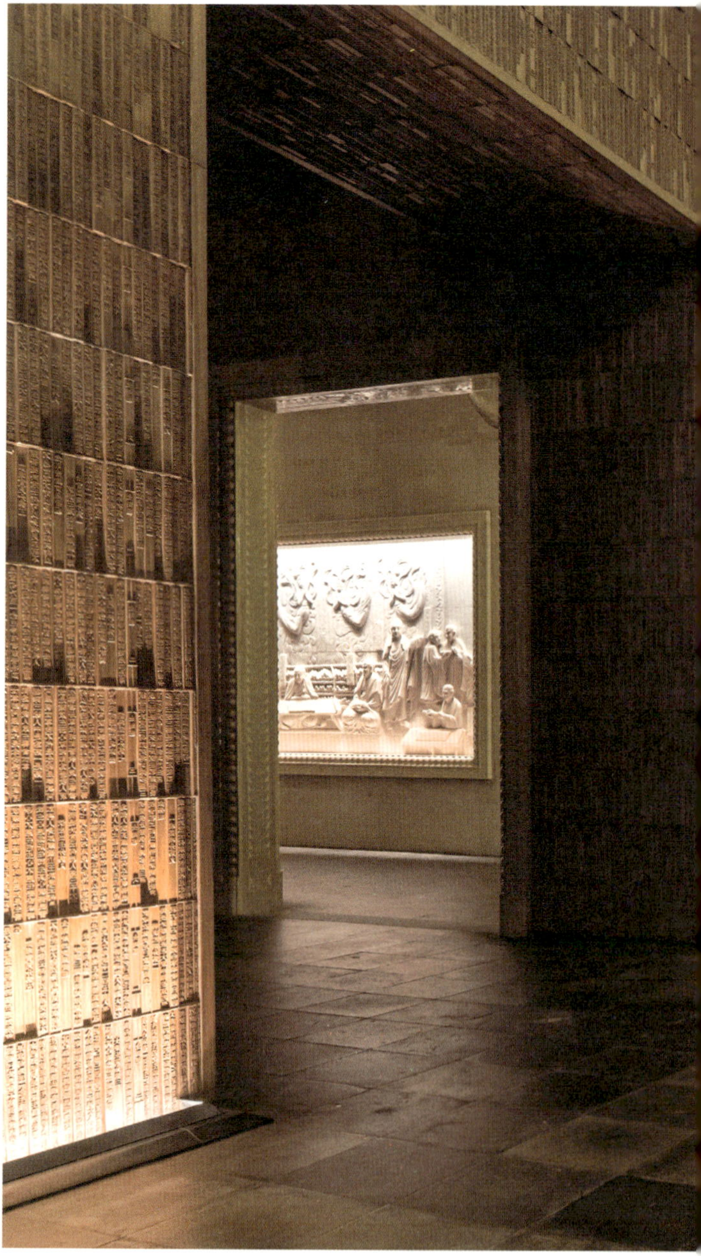

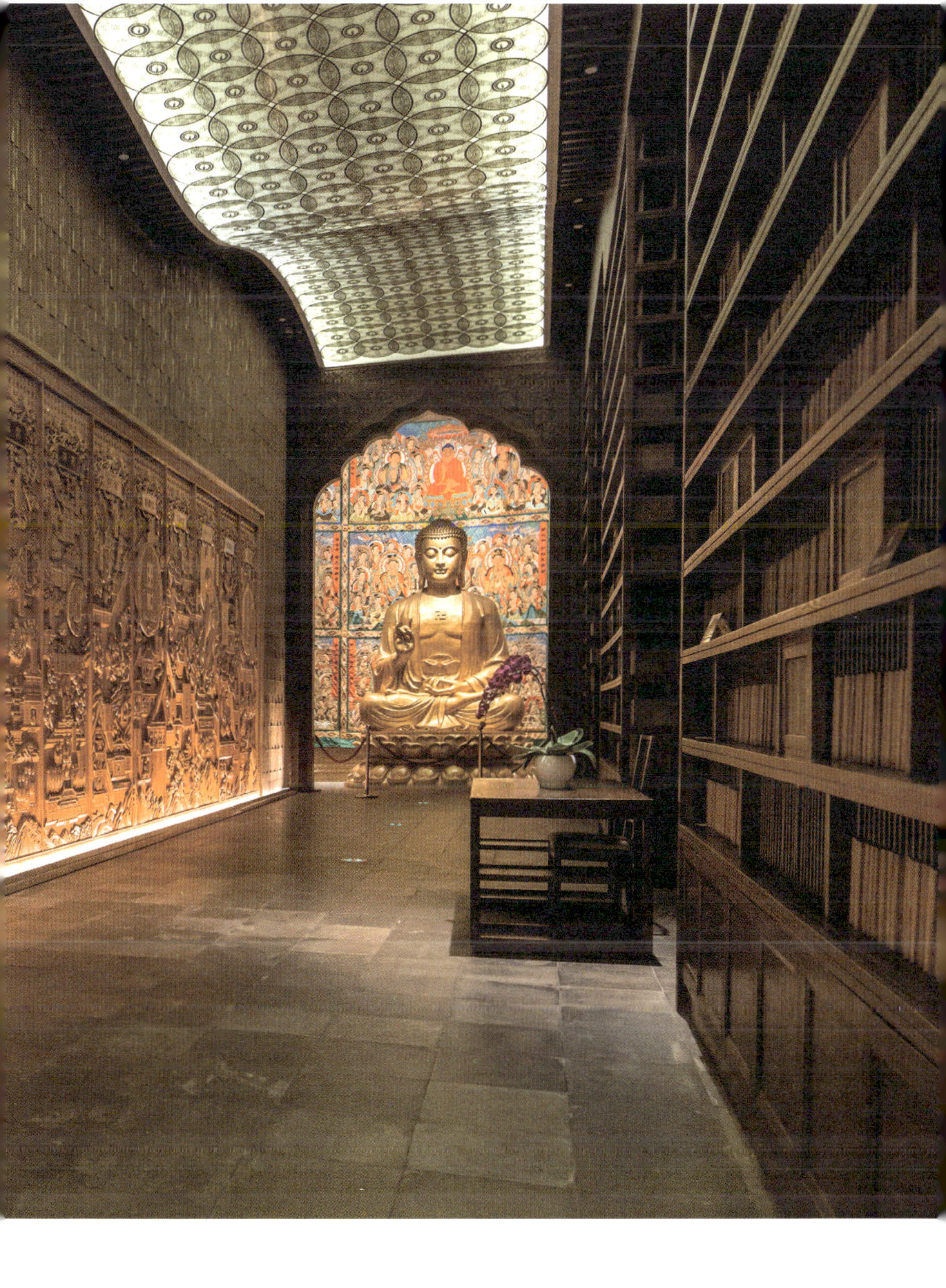

了!禅师说你像一尊佛,因为他心中有佛,你说禅师像牛粪,皆因你心不清净啊。"历史上有寒山问拾得:"世间有人谤我、欺我、辱我、笑我、轻我、贱我、恶我、骗我,应如何处置?"拾得曰:"只是忍他、让他、由他、避他、耐他、敬他、不要理他,再待几年,你且看他。"用退一步的方法来对治他,令对方感动而放弃他的恶行。所以各位要逆来顺受,要在反面找好处,不好记仇。仇恨心只会树立敌人,明白这个道理,才是真正明白佛法。修行若不能忍辱,面对批评、恶骂、挫折或逆境,便气沮意丧,只喜欢他人顺从己意,眼睛喜欢看好东西,耳朵要听美言美语,这类人没有智慧,是很难有所成就。若经得起考验,视恶骂、逆境为成就自己用功办道的增上缘,安然忍受,这才是有智慧的人,因为恶人都是来成就我容忍力的善知识,作为佛弟子,焉能不忍!

我们要学习古德大智若愚的精神,广阔的心量,有个"拙"字,是修行的秘诀妙方,若能照着去做,一定能成功。

叮咛语:

"忍一时风平浪静,退一步海阔天空。"这两句话,不是老生常谈,而实在对人有裨益。试想一想,大部分动武血案,不是纷争一开始时,就要置对方于死地,往往是不能忍一时之气而铸成大错,所以忍的力量和作用很大,值得大家细细思量。

第七章 恶还本身

"佛言：有人闻吾守道，行大仁慈，故致骂佛。佛默不对，骂止。问曰：子以礼从人，其人不纳，礼归子乎？对曰：归矣！佛言：今子骂我，我今不纳。子自持祸，归子身矣。犹响应声，影之随形，终无免离，慎勿为恶。"

上章说"彼来恶者，而自恶之。"这第七章是用"被骂不答"这个例子来作引证。通常被人骂者，少有不起烦恼，乃至瞋恚心，佛在世时，也有这样的大恶人，他妒忌佛陀德高望重，要伤害佛陀，以下是佛陀的亲身经历：

"佛言：有人闻吾守道，行大仁慈，故致骂佛。"有外道闻说佛陀发大菩提心，为了自他两利，行无缘大慈，同体大悲，上求佛道，下化众生。此外道心怀妒忌，特意来谤佛。"佛默不对，骂止。"佛默然，不作声，不回答。有心骂人者，也要有个对手，才能继续下去，现在得不到回应，骂累了，无可奈何，唯有把嘴巴合拢起来，不再骂了。证明是非很多时以不辩为上策，这是一种最好的解决方法。待毁骂者，平静下来。

佛"问曰：子以礼从人，其人不纳，礼归子乎？"子代表人，指有人送礼物给对方，对方不收，这礼物是否应归还送礼者呢？"对曰：归矣。"假使对方不收，这礼物当然是由送礼者自己拿回去啦！继续"佛言：今子骂我，我今不纳。"现在虽你以恶言骂我，这等同以礼物赠我，我不接受这份礼物，即是我没有接收你的谩骂一样，你所造口业，必须自己负责。"子自持祸，归子身矣。"所谓有因必有果，因果丝毫不差，骂人是罪过，必招祸患，如你送出礼物，我不收，由你自己带回去，灾祸亦如是，自作自承担。

"犹响应声，影之随形，终无免离，慎勿为恶。"犹如山谷之回音，有人在山上讲话，山谷即有回应。又像人的影子，总是跟着你跑。因果报应，如影随形，你造恶业，结果自己遭殃，这是因果规律。佛在世时，提婆达多妒忌佛，曾用种种舆论、恶言毁骂，有一次知道佛陀要路过，把大石从山上推下来，想取佛陀命，结果是提婆达多堕地狱受苦，说明祸患都是自己招来的，所谓自食其果，自作自受。佛陀慈悲，为了去除灾祸的源头，盼望人人做事谨慎，守护三业，不做恶事，因为祸福皆由自己生，害人终害己。

叮咛语:

世人未有觉悟,一闻到有人骂我,就马上大动肝火,面红耳赤,大发雷霆,这就等如将人送的礼物,照单全收,甚至还加声感谢。佛陀慈悲,现身说法,作此"被骂不答"示范。我们身为佛的弟子,不管是在家出家,要学慈父,行仁慈,做好人好事。人家怎样来攻击你,不要理会,用慈悲忍辱的精神来对待之。十方诸佛菩萨乃至古德,都是要经过很多这样的磨炼,很多考验,才能有成就。

佛言惡人害賢者猶仰天而唾唾不于天還汙其己身逆風扬塵塵不汙彼還坋于己賢者不可毀過必滅己也

第八章 尘唾自污

"佛言：恶人害贤者，犹仰天而唾，唾不至天，还从己堕。逆风扬尘，尘不至彼，还坌己身。贤不可毁，祸必灭己。"

上章说恶人自恶，谤佛招祸，但又怕有些妒忌心重的恶人，虽不敢害佛，而去伤害贤人。这章主要说明不要害任何人，因为造恶业是有恶的果报呀！害人比骂人的罪过更严重，更要不得，而且自己要接收一切后果。以下佛陀举了两个比喻，加以说明。

第一："佛言：恶人害贤者，犹仰天而唾，唾不至天，还从己堕。"做坏事的恶人，想要伤害光明正大、有品德的好人，必然会绞尽脑汁，用种种方法，去挑拨离间，去排斥。其实恶人害贤人，就好像向天空吐痰，痰哪能吐到天上，掉下来时，还是落在自己的脸上，所以说贤人是被害不倒的，反而恶者自损。第二个例子说："逆风扬尘，尘不至彼，还坌己身。"假如你逆风扬尘，尘不会被风吹到前方去，逆风只会把灰尘吹回自己的身上，这不是恶有恶报，恶人最终是自食其果吗？

"贤不可毁，祸必灭己。"损害好人，对方不会受到你的影响,灾害还是要由你去承受。俗语说得好:害人先害己,放火烧自身,将来必会受到报应。报应有现世报,也有来世报。什么是现世报?如果有人偷东西,被警员抓去,后果是根据案情轻重而判坐牢。偷是因,坐牢是果,这就是现世报。如果今生所种的恶因,还未见到恶果,那是因为时间未到。经云:"欲问前生因,今生受者是,若问来世果,今生作者是。"因果报应,三世循环,丝毫不爽。所做恶事,如仰天而唾,又如逆风扬尘,恶人自当以此作为警惕。对贤人来说,只是多一次磨炼罢了,有谓"十磨九不退,灵山出宝贝。"灵山会上,有这么多的贤人、宝贝,他们不都是从磨炼而成就的的吗?不要害人,害人实害自己,要忏除自己过往的旧业,再不种恶因。

叮咛语:

在现实生活中,人不能离群独居,所以要学习与人相处之道。但在人群中,有时又难免遇到摩擦,被人诽谤冤枉,我们又如何去面对呢?在这一章佛陀提供了一个很好的答案,就是你不要去理会作恶者,视他的所作所为,犹如仰天而唾,唾不至天,还从己堕,他自作自受。在做人的原则来说,亦不要去陷害、欺诈、诽谤他人,因为这样做,将来亦会因造恶而受报,灾祸也是免不了的!

第九章 返本会道

"佛言：博闻爱道，道必难会。守志奉道，其道甚大。"

上章说恶人若害贤者，终自遭损害，要严切戒之。这章讲博学多闻，只是徒增知识，学佛不同于佛学，着重实践与亲证。所以"佛言：博闻爱道，道必难会。"广学多闻者，不断向外追求，对经典若只知消文，是闻而不思；虽有爱慕佛道之心，尽管寻找到个中道理，只是思而不修。要明白道就在自己心中，不用向外追求。不肯真修，何来实证，哪能与佛道相应？这样背道而驰，只会越走越远。修道人须由闻思修入道，闻而不思是知有宝山而不肯去；思而不修，就是虽到宝山而不肯取宝，空手而回，多可惜！昔日多闻第一的阿难已证三果阿罗汉，于楞严会上，仍被佛批评："汝虽历劫忆持如来秘密妙严，不如一日修无漏业。"为何不好好去修行呢？又说："阿难纵强记，不免落邪思。"多闻强记，不去修道，如同画饼充饥，不能饱肚，又如在银行做出纳，所数的并非自己的存款。与此同时，只会增加我慢，以为自己懂得太多了，肯定高人一等，奈何终日忙于往外驰求，不明白道在心中这个

佛言夫為道者務博愛博施德莫大施德莫大於先守志奉道其福甚大

基本道理，修行岂能有成果？

得道者，必须"守志奉道"，首先要立志，修行才有目标。志在菩提，不为名利，不为私欲，把攀缘心、妄想心统统止息下来，如实修行，心专志坚，守护正念。例如修净业者，若有真信切愿，专心念佛，求生西方，这样修行，"其道甚大。"修行一定要在道业里体会，以实践来贯通意会，自然有很大的成就。如果生活放逸，得过且过，虚度光阴，又或日日制造烦恼，飞短流长，不是浪费光阴吗！所以我们每天都要反省，有过失要发露，勇于承认错误，并且马上改过，即使被人检举出来，应该感谢对方，因为他是我的善知识，在成就我。佛教慈悲，怜悯一切众生如赤子，何况我们人与人之间，都是学佛的增上缘，要好好珍惜。在漫长的菩提道上，大家给大家方便，不要给对方障碍，使人人都能亲尝法喜之乐。

各位同学，成佛之道，虽然漫长，只要锁定目标，从闻思修三慧去修，用佛陀的教导来调教自己的心态，日日有进步，即心是佛，迟早必定见佛。

叮咛语：

只要有恒心，铁杵磨成针，凡事专心致志，必有成果，上班的把工打好，读书的把书读好，每事用心努力，不怕成果不来。佛陀虽然是在教导我们，修行要"守志奉道，其道甚大。"若把它引申到日常生活中，也何尝不是这样呢！

第十章 喜施获福

"佛言：睹人施道，助之欢喜，得福甚大。沙门问曰：此福尽乎？佛言：譬如一炬之火，数千百人，各以炬来分取，熟食除冥，此炬如故，福亦如之。"

上章劝人立志行道，而得道果。这章说明随喜他人为善，有无限福报与喜悦。故此"佛言：睹人施道，助之欢喜。"不论佛法或世间法，在利他的同时，自己也会得到益处。举六度中的布施为例，自己肯作布施，当然难能可贵。佛说倘若见他人行布施，随喜赞叹，甚至帮助他，令受者得益，这样，所获福报也是无量无边。可惜有些人，嫉妒心重，见人行善，马上不开心，把面孔一拉，或讲晦气话，只会令自己损福。

六度之中，布施被放第一位。布施是一种奉献，能令人舍弃贪念，是对治欲望的好方法。归纳来说，有三种布施，一是财施：以财力劳力施以援手，不论内财或外财，都可分施给别人。内财指皮、血、骨髓、肝、肾等，可从身体内捐献出来之物；外财就是身外之物，如金钱房舍等物质，都可以拿去救济贫困急需者。二

觀人施道助之歡喜亦得福報質曰彼福不當失乎佛言猶如炬火數千百人各以炬來取其火去其人者熟食除冥故福亦如之

是法施：用四无量心，灌注佛法的精神，令对方修善去恶，得到法益。三是无畏施：是布施关怀与爱语，去解除别人的怖畏，令痛苦消除，让他鼓起勇气，重拾自信，重新做起。这样随喜布施，"得福甚大"，功德亦无量，因为只要有一分随喜，就有一分功德，有十分随喜，就有十分功德。

有嫉妒心的愚蠢人，心量狭窄，会动念头这样去想：随喜赞叹他人，得这么大的功德，我自己的功德，会不会因此而被人分薄？所以有"沙门问曰，此福尽乎？"佛就举例子说："譬如一炬之火，数千百人，各以炬来分取"，好像有几百几千人，要从一个火把上取火，这唯一的火光，会不会被这么多的火把占去、分薄，甚至被弄熄灭呢？试想一想，一个火炬，可以点亮十把、百把乃至千把火炬，因为辗转相传，一炬火把的光明，可以变为千炬火把的光明，能够普照更大的地方，光明只会越来越大。

也好像"熟食除冥，此炬如故。"熟食比喻光明与证果，冥代表黑暗。当有数百千人各持其炬来分取火，藉此以熟食，而本身的火光如旧，没有丝毫受损。燃点火把的人越多，光明越大，黑暗则随着减少。喻智慧之光，有了智慧，可以打破众生成佛的所有障碍，包括报障、业障及烦恼障，三障烦恼自然消除，得无上道果。由此可见，随喜他人布施，辗转功德，不但对自己无损，福德只会不断增加。从前有两个人，齐齐去采花供佛，其中一个自己亲自拿花去供佛，另外一个把花转施他人去供佛。问弥勒菩萨，哪个人的功德较大？弥勒菩萨肯定地回答："自己供佛者，成辟支佛果，施人者，成无上菩提。"从这个例子可得知，自行供佛反而不及施花供佛的功德大。永嘉大师说："住相布施生天福，犹如仰箭射虚空，势力尽，箭还坠，招得来生不如意。"假如执着布施，虽有福报，只是生天而已，可惜天福也有享尽之时，犹如坠箭，又转到六道轮回去，不是究竟。我们不论学佛或做人，修世间法或出世间法，心量要大，把所有执着、分别、计较心放下，把心锻炼如虚空之广阔，能容纳一切，包容一切。假如有好的东西，如一炬之火，只要有需要，不妨与大众分享，所谓独乐不如共乐，能令少数人快乐，不如令多人快乐，作为布施者，一定会更加快乐！佛经说："令众生欢喜，皆同如来欢喜"，真实不虚。普贤菩萨十大愿王之随喜功德，所有佛弟子都要学习。如是去行布施，所得果报，"福亦如之"，因为自利利他，所得福德当然是无可限量。

叮咛语：

有所谓"憎人富贵厌人贫"，妒忌是大家很容易犯上的错误，人家成功，你不但不随喜，而且还妒忌；人家的善行，你不随喜，还说三道四，这样不但积不了功德，还犯口业，是大过失，必要自我反省，多加留意。

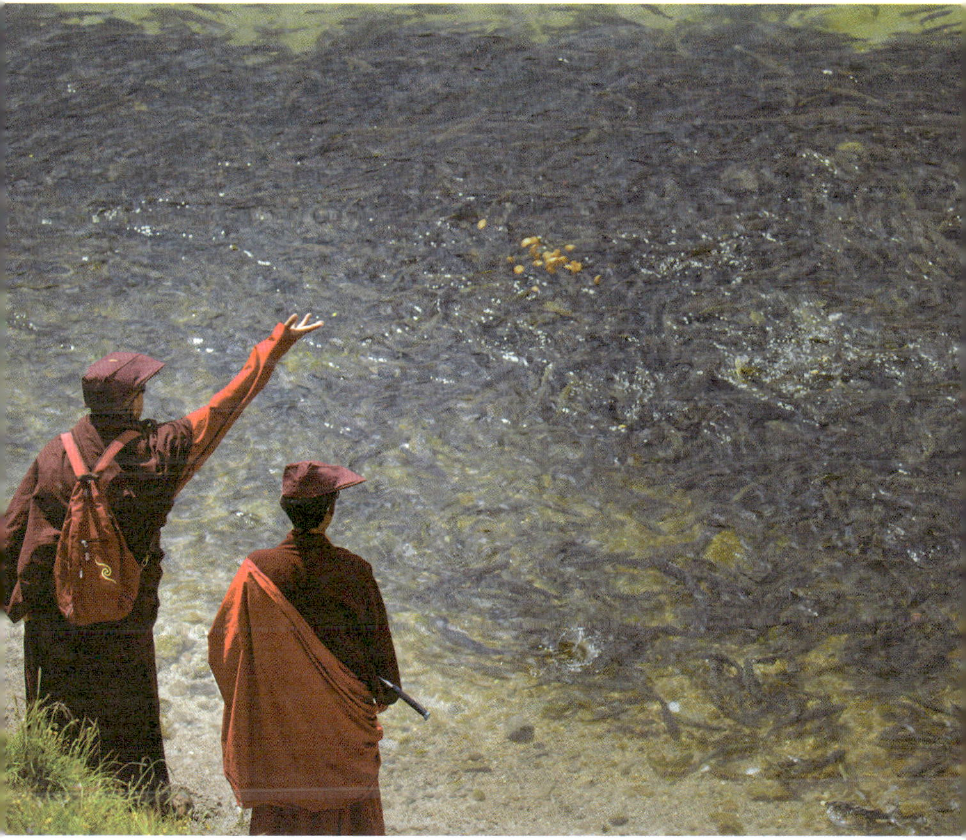

佛言飯凡人百不如飯一善人，飯善人千不如飯持五戒者一人，飯持五戒者一人不如飯一須陀洹，飯須陀洹百萬不如飯一斯陀含，飯斯陀含千萬不如飯一阿那含，飯阿那含一億不如飯一阿羅漢，飯阿羅漢一億不如飯辟支佛一人，飯辟支佛百億不如飯一阿學頤求佛欲齊眾也，飯善人福最深重，凡人事天地鬼神不如孝其親矣，二親最神也。

第十一章 施饭转胜

"佛言：饭恶人百，不如饭一善人。饭善人千，不如饭一持五戒者。饭五戒者万，不如饭一须陀洹。饭百万须陀洹，不如饭一斯陀含。饭千万斯陀含，不如饭一阿那含。饭一亿阿那含，不如饭一阿罗汉。饭十亿阿罗汉，不如饭一辟支佛。饭百亿辟支佛，不如饭一三世诸佛。饭千亿三世诸佛，不如饭一无念、无住、无修、无证之者。"

上章示随喜功德之大，这章说明福田有胜劣，视乎所施之对象，所以列举九种福田来作比较，令布施之时，懂得取舍，知道如何布施才如法，才有功德。否则不但得不到功德，反而结上不好缘。

最显而易见的例子，可从布施给恶人或善人处看到。所以首先"佛言：饭恶人百，不如饭一善人。""饭"是动词，简单来说，饭代表饭布施。佛说：假使你想布施一百碗饭给一百个恶人，不如布施给一位善人，因为恶人多是在做坏事，都是在种三途之因，你好心给他们吃个饱，不是支持他们做坏事吗？所以不如给一个善人吃饱，他心地善良，不会作恶去害人，即使做了些好事，所造善业无形中是由你成全的。又说："饭善人千，不如饭一持五戒者。"满分的优婆塞（男居士）或优婆夷（女居士），都是在家的佛门弟子，他们持五戒，不杀生、不偷盗、不邪淫、不妄语及不饮酒，跟儒家所提倡的五常（仁、义、礼、信、智）非常吻合。能做到以上五点，在世间法来说，必然是个有道德的贤人，与善人相比，肯定较为优胜，所以说供养一个持五戒的人，胜于一千个善人。

第三至第六种福田，包括声闻乘的四个果位，他们修四谛法，分四个阶段，得初果须陀洹、二果斯陀含、三果阿那含及最高果位的四果阿罗汉。从凡夫至四果，速者三生，慢者六十劫。经文续说："饭五戒者万，不如饭一须陀洹。饭百万须陀洹，不如饭一斯陀含。饭千万斯陀含，不如饭一阿那含。饭一亿阿那含，不如饭一阿罗汉。"须陀洹者，已断见惑，初入圣流，不再堕三恶道，可是欲界思惑未断，须经"七死七生"，往来天上人间，方证四果阿罗汉。斯陀含者，已断欲界九品思惑之前六品，尚余三品，但烦恼渐少，只须一生欲界天，一来人间，所谓"一上一还"，便证阿罗汉。阿那含者，欲界最后三品思惑也断了，于命终时，不再受生欲界，住天上十九天。四果阿罗汉，他已超出三界，是在无学位，所作已办，不用再受分段生死苦，但未究竟，还有变异生死未了（第一章已详述）。可见能供养初果阿罗汉乃至四果阿罗汉，所获功德，不尽相同。

第十一章 施饭转胜

继而比较阿罗汉与辟支佛，"饭十亿阿罗汉，不如饭一辟支佛。"辟支佛无师自悟，分有两种：独觉和缘觉。独觉者不生于佛世，观自然界有春夏秋冬，花开花落，从景物无常而悟道；缘觉生于佛世，修十二因缘。独觉或缘觉，修至最高的果位，成辟支佛，能除见思二惑，故说供养辟支佛胜于十亿阿罗汉。至于出现于过去、现在、未来三世的一切佛又如何呢？"饭百亿辟支佛，不如饭一三世诸佛。"三世诸佛是经过三大阿僧祇劫的修炼而成就，能利益无量众生，令众生明白宇宙人生的道理，如何离苦得乐，得究竟解脱。所以供养一位三世诸佛，胜于供养百亿辟支佛。

"饭千亿三世诸佛，不如饭一无念、无住、无修、无证之者。"最后说这位无念、无住、无修、无证修道人，他了知一切如梦幻泡影，法本无生，故念即无念，无念是无杂念。无住，是无执着，不住于色声香味触法。无修无证者，诸法实相，本自具足，只要你一念清净，能够回光返照，便同本得。好像十五月亮这样，本具光明，圆满不缺，问题是黑云遮盖了月亮，所以说，"千江有水千江月，万里无云万里天。"天上月亮只有一个，只要有水的地方，月亮就显现于水里。但那水一定要（是）清水，浊水显不出来。那里没有云，那个天就光明，看不见光明是因为被云遮盖着了，要待云散去后，月亮的光明重现。我们本性无修无证，不要经过次第，引用六祖大师所说："何其自性，本自清净……本自具足。"能供养一位无念、无住、无修、无证，清净无染，最高无上的修道人，饭此一人，胜于供养千亿尊三世诸佛。是故我们应该供养、亲近这类善知识，终身受益。

叮咛语：

从本章可见福田有胜劣，供养后者胜于前者，因为后者比前者更善，供养善人他会去造善事，供养恶人他只会去造恶，能供养最后一类是无相布施，其福德等同虚空，无有限量。作为布施者，要能做到"三轮体空"，不求功德，不期回报，上至诸佛，下至贫困的人，平等而施。同时，布施要带有欢喜心，不要计较，不存我慢，不求回报，所施之物亦非我实性所拥有，只不过是假借我手来施与他人而已。最后，不应以善小而不为，给人一个微笑，给人一个方便，给人一个真心的赞美，都是布施。若能做到无念、无住，这才是个真正的布施者，生命才有意义和价值。

第十二章 举难劝修

"佛言：人有二十难，贫穷布施难，豪贵学道难，弃命必死难，得睹佛经难，生值佛世难，忍色忍欲难，见好不求难，被辱不瞋难，有势不临难，触事无心难，广学博究难，除灭我慢难，不轻未学难，心行平等难，不说是非难，会善知识难，见性学道难，随化度人难，睹境不动难，善解方便难。"

上章说福田胜劣，当知较量，惟恐修道人畏难，停留在分别的层面上，裹足不前，不肯起步去修，所以在这一章，佛特意点出："人有二十难。"其实无论做事或修行，都会遇到困难，大家可以想一想，一生当中，遇到的是逆境多，还是顺境多？虽然佛只列举了二十件难事，重点在劝勉大家，若在逆境中，要排除万难，克服障碍；在顺境中，不要生我慢心，同时亦要多眷顾条件比自己差的人。以下把佛说的人有二十种难，略作解释，大家可细品味之。

一、"贫穷布施难"。贫者，生活本已相当拮据困窘，要挤出资财来布施，谈何容易。是故布施功德，不可量化，贵乎发心。发佛言天下有二十難貧窮布施難豪貴學道難棄命不死難得觀佛経難生值佛世難忍色離欲難見好不求難有勢不臨難被厚不嗔難觸事無心難廣學博究難不輕未學難除滅我慢難會善知識難見性學道難對境不動難善解方便難隨化度人難心行平等難不說是非難

于真心,方是无漏之施,佛经所载的贫女供灯,灯光不灭,就是实例。

二、"豪贵学道难"。豪贵者享尽世间富贵荣华,生活如意,无风无浪,没有受过什么大苦,悲心难生。受人奉承多了,容易贡高我慢。在这样的环境下,要生起学道之志,并不容易。所以豪贵者,学道难矣。

三、"弃命必死难"。众生贪生怕死,乃是自然,所谓惜身如土,是故牺牲性命,又一难也。佛陀割肉喂鹰,舍身喂虎,有一世修忍辱,被歌利王割切身体,皆心甘情愿。禅宗二祖,求道心切,雪中断臂,这皆不是凡夫所能办。其实有生必有死,舍身只要有价值,又何足惧怕。

四、"得睹佛经难"。武则天曾赞叹佛法:"无上甚深微妙法,百千万劫难遭遇。"可知世间有因缘看到佛经者有多少,能依教奉行者又有多少,福德因缘不具足,一律无缘问津,因为没有这个缘。所以得睹佛经,当然是一难矣。

五、"生值佛世难"。能生佛世,真是不可思议。释迦牟尼佛化现人间,是二千多年前的事,我们一期生命,也不过数十寒暑,要有很大的福德因缘,才有机会生值佛世,请转法轮,亲闻佛音,宣说妙法,亲受佛教。这样的机缘,必定是难。

六、"忍色忍欲难"。大家每天翻开报章,多不胜数的桃色新闻,可知男女色欲之难忍,不必冗述。又有年轻人之爱斗名牌,难忍对物质的贪爱及诱惑,于是什么援交、贩毒都来了。这都是因为未能抑制难忍的色与欲,被情爱及欲望支配着而不能自制,是故佛陀早就指出,忍色忍欲难。

七、"见好不求难"。贫穷之时,只要能得温饱,便心满意足。但当有机会可以得到更多更好时,绝大部分人都会被机会牵着走,人的欲望好像没有底的,美其言"贪心是人前进的动力。"但这个"贪"字,也是祸患的根源,看看百年难遇的金融海啸,淹没了多少人!是故见好而不求,当然很难。

八、"被辱不瞋难"。受辱而心不瞋,有多难?大家问问自己就知道。不论世界大战或家中不和,原因就是心不平,不能忍。佛陀老早就点出,并教导我们忍辱的重要性,佛教的无我观,也大有哲理在其中,可多多参究。

九、"有势不临难"。有权有势者,不以势凌人,不自居高尚,不以大欺小,鲜矣!由古至今,人的心中,大概只有二条路,一条是名,一条是利,大家都努力在修这二"道"。有权威的人,又能谦逊厚道者,都是君子,自古皆难。

十、"触事无心难"。这里所说的是,遇事心不随境转者,难!人心有高低喜恶,无论接触任何事,都能处之泰然,用平直心去对待者,非凡夫了。历史上有多少人,遇事还能无心呢?屈指可数。实在很难很难,佛陀的弟子目犍连尊者,神通第一,自知限至,因为明白因果,从容赴死,最后死于外道乱棍下。面对这样的大难,都能无心,不就是难吗?

十一、"广学博究难"。要成功做任何事,精进勤学,非常重要。所谓"广学博究难",懈怠容易,精进难,大家从来都知,联袂吃喝玩乐,都觉得好,叫大家回去研究研究一部佛经吧!就觉很难。这是人性的弱点。其次还有因缘,大家有没有广学博究佛学的因缘呢?那要看各自造化,但一谈到因缘,又是一难。

十二、"除灭我慢难"。要除贡高我慢,是很难很难的,大家都喜欢别人对自己好,甚至要抬举自己,但若要自己待人谦下,又容易办到么?在这个自我中心发达的时代,人人都觉得自己了不起,对人谦下一点已经难做到,更遑论要除灭我慢!正如六祖大师所说:"内心谦下是功,外行于礼是德。"功德都建在我们身心上哩!

十三、"不轻未学难"。未学,泛指小众,如沙弥(尼)或初学者。意思是说,自己不要摆这个老资格,六祖大师讲:下下人有上上智,上上人有下下智,要我们不可以随便看不起人。蕅益大师对"未学"这两个字,特别指出,四小不可欺,龙小、火小、王子小、沙弥小,都不可以轻慢、欺负。所谓龙小可行雨,星星之火,可以燎原,小小的太子,将来也会成为皇帝,沙弥小,可成佛作祖啊。

十四、"心行平等难"。平等心就是没有分别心,没有亲疏,不论有缘或无缘,就用这个平直心,没有企曲的心,对所有人和事,做到无缘大慈,同体大悲。你看,直心是道场,道场的空间有多大,我们的心量也有多大,心量可以容纳一个道场。凡夫心量小,歪曲不平直,平直就是佛啊!

十五、"不说是非难"。凡人就是喜欢说话,说长道短,容易造口业。虽然一天里面,有定课念经拜佛,也弥补不了造口业的过失。实际上早课念经拜佛,都是来提醒自己,我的任务要像佛菩萨一样,自觉觉他,所以每晚睡前,应当反省一下,把早上所发的愿,回顾一下,有多少闲言闲语,有没有是是非非,利益人的有多少,为三宝事又做了多少,生惭愧心,知过即改,不要怕难、怕麻烦……这样,学佛才有进步。

十六、"会善知识难"。学佛成功与否,有善知识的指导,非常重要。好是善,闻名是知,见面就认识,善知识,是良师益友,亲近他们,并不容易。善知识是佛法的传承人,能随机说法,像名医一样,能对症下药。在学佛道上,亲近善知识是难,要懂得明辨善知识,不要当面错过。善知识是我们的明灯,不容易遇上,所以说"会善知识难"。

十七、"见性学道难"。悟道、修道、证道,是学佛的三个过程,有些众生连听闻佛法的福德因缘都不具足,有的人没有善根,纵使听了法,又不勤学。没有第一步,如何悟道?从何修道?何能证道?"见性"指明心见性,须要亲证,如是障碍重重,可想而知,要找到你的真如本性,真的是难啊。

十八、"随化度人难"。众生根器,如人面目,千差万别,若因机施教,也不容易。很多人不明白佛教的因果观,他们都很难听进去,譬如他们去杀生,是为了一饱口福,但佛弟子视之为大恶业,劝他们不要杀生,听你都难,心忖不吃才笨。又如在公司顺手拿一些东西回家,其实这是偷盗,会得贫穷报,你去劝他,他笑你人人都拿,不拿才笨。所以随缘随份来度人家,想他们接受,真是也很难,无奈无缘!

十九、"睹境不动难"。对境心不动,要有定力。人家讲你不好不对,你还是笑一笑,面容不改,欣然接受,你就有功夫。这功夫是自己的,不是从外边求过来的,不是知识,(不是)可以学得来的,这是内功,有这种定力,就是有道德。心本无生,本来是没有生起来,因为有这个境界现前,根尘相对,在这当下,能够做到如如不动,是要有功夫,是要有定力,难也。

二十、"善解方便难"。用方便法门来教化众生,也不是易事。《华严经》有云:"一切唯心造。"人们的心猿意马,一刹那间,不知转换了多少次,所产生的烦恼,不下八万四千种之多。对治方法,虽有八万四千个法门,但要看清楚,是哪种病,开什么方,即是要对症下药。要找到病的根源是一难,要懂得用正确的方法来治疗,又是一难。所以要善用方法,随机说法。但现世我们遇到善知识、有善解方便的机会多不多?恐怕也难。

人有二十种难,佛已略说,我等佛子,不论何等根器,只要有缘接触佛法,不要怕难。俗语说得好:天下无难事,只要肯登攀。必须把握机会,依教奉行。

叮咛语：

佛说这二十难，虽然是在谈学佛修行，其实在现实生活中，也相当实用。因为我们若知晓有这些难处，自然更透彻地明白自己的缺点，大家不要望而生畏，应该从而修正，也因为知道难，所以更懂得去珍惜。

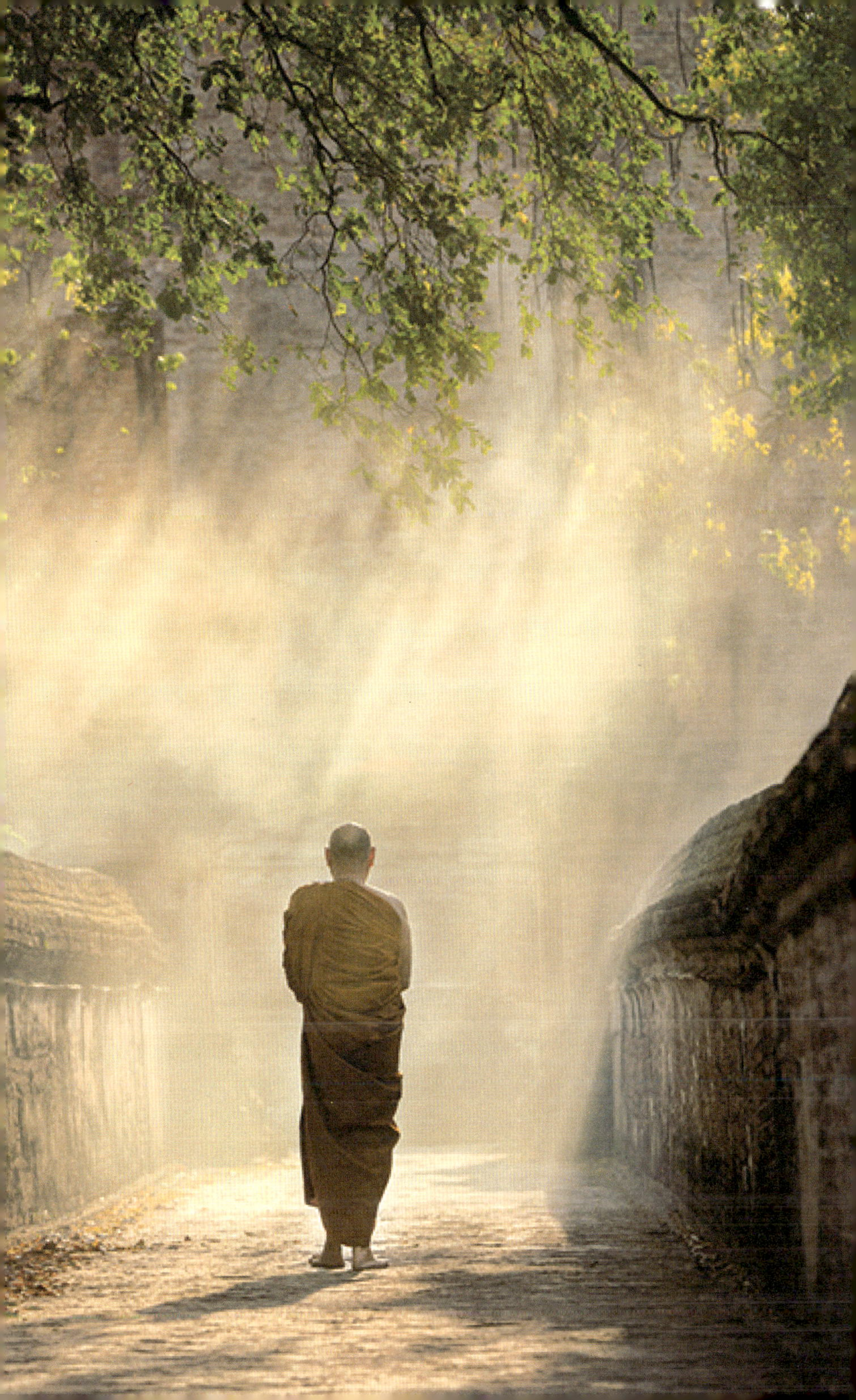

有沙門問佛以何緣得道柰何知宿命佛言道無形相知之無益要當守志行譬如磨鏡垢盡明存即自見形斷欲守空即見道知宿矣

第十三章 会道宿命

"沙门问佛：以何因缘，得知宿命，会其至道？佛言：净心守志，可会至道。譬如磨镜，垢去明存。断欲无求，当得宿命。"

上章说人有二十种难，修行不可畏难而生退却心，也不要因为容易，生起骄慢。难与易、顺境或逆境，都是修行的增上缘。法会中有一位比丘听了二十种难以后，即请教佛陀如下两个问题："以何因缘，得知宿命，会其至道？"要有什么因缘、什么条件，或修什么法门，才能获得宿命通？又能理解会通诸佛所说的道理？宿命通是六神通之一，其余五种包括神足通、天眼通、天耳通、他心通及漏尽通。会其至道，是说能通达佛道的真实意义。

"佛言：净心守志，可会至道。"佛说，领悟佛道，要先净其心，立坚固志，才可与道合。如何清净其心？《金刚经》云："应无所住，而生其心。"不住情欲，不住贪瞋痴慢疑等烦恼，这就是清净心。当志与道相应时，自然会有宿命通，不但知道自己的，还知道众生的过去、现在、未来，前生前世或来生来世的因因果果。与此同时，其他五通也能具足。所谓神足通者，就是想去哪里，自然而到，如《弥陀经》所说，"还到本国，饭食经行……"早上到他方国土，采花供养诸佛，只要有一个念头那么短促的时间，便可马上回来吃饭，比坐飞机、火箭还要快。天眼不是我们这双肉眼，隔了一张纸，什么都看不见了，天眼能看到天上地下的事物，没有障碍；天耳能听极远方音声，包括语言等，或能跨过障碍物，听到音声；他心通就是知道你的起心动念。其实诸天鬼神都有上述五种神通，他们所欠缺的，就是漏尽通，唯圣人才能拥有。佛教修行的目的，不在神通，而是要能成佛，得宿命通者，未必能会通诸佛之道，而证道者，定能知宿命。

　　心志如镜，至道如明，净守如功，"譬如磨镜，垢去明存。"只要恒常磨镜，污垢自然去除，镜子自然明亮。神秀大师偈云："身是菩提树，心如明镜台，时时勤拂拭，勿使惹尘埃。"我们天天要除欲望、改习气，时时勤修戒定慧，将内心三毒摒除，好像时刻在磨镜一样，勿使惹尘埃。心如明镜，光明智慧显现，当下受用。"断欲无求，当得宿命。"人若断欲去爱，心无所求，便得宿命通。凡夫只因有欲望，心被境所污染，有所求、有所得，就好像镜之光明，被涂上一层尘垢，整个镜子变成黑蒙蒙。知道自己有我执、法执等种种烦恼垢，不断加厚尘层，就要赶快去拂拭，摒除妄想执着。要把污垢抹除，可从持戒入手，守护三业，老实念佛，终有一日，达到自净其意，现出光明，会其至道，乃至一切通达。

叮咛语：

佛教贵在守道，不主张神通，因为神通不能改变事实，是属于有为、有漏、有执着的功能，跟解脱道无关，所以圣人要的是如何证得漏尽通。好显神通的人，除了显异惑众之外，对社会无益，对人心无助。不求真理而求神通，岂非本末倒置。

佛言何者為善惟行道善何者家大志與道合大何者多力忍

第十四章 请问善大

"沙门问佛：何者为善？何者最大？佛言：行道守真者善，志与道合者大。"

上章说明会道、知命两个问题，本章是有关善与大的较量。

当时又有一位比丘，请教佛陀两个疑问："何者为善？何者最大？"佛回答道："真修是最善，实证是最大。"即是经文所说的："行道守真者善，志与道合者大。"真修是不学旁门外道，只学正法，如菩萨所修的六度万行，以戒定慧三无漏学，息灭贪瞋痴，了生脱死，这是最圆满的善。"善"包括有世间善、出世间善与世出世间善三个方面。行世间善者，他们以五戒十善为基础，目标只是迈向诸恶莫作，众善奉行，这属人天乘，也是做人的本份；出世间善，是二乘之声闻及缘觉所修，法门包括四圣谛及十二因缘等；世出世间善，讲的是一真法界，如来藏心，即是无住、无念、无修、无证的真道人。没有比真正修行更善，一念可以超越万劫，不历次第，直下承担，这个才是最善啊。

所谓"大"者，就是立大志，如诸佛菩萨所发的大愿，念念上求佛道，下化众生，这样把志愿与道，合而为一，能证圣果，如是才是真正的大。

世间一切事物都是相对法，有大必有小，没有绝对，唯有真理才是绝对不二。我们这颗心，能包太虚，万象森罗。唐代的李渤，看到寺院的一对对联："须弥纳芥子，芥子纳须弥。"顿生疑惑，问寺内老和尚智常禅师："这对联有没有写错？须弥纳芥子，可以理解，芥子这么小，能容纳须弥之大，如何作解释？"老和尚说："人家说你读书遍万卷，书放在哪里，在肚子里，还是在脑袋里？"读书人摸摸头，被老和尚当头棒喝。其实我们这颗心，虽无形无相，看不见，摸不到，却能包罗万象，一念之间，周遍法界，作用无穷。例如我们游历过的地方，不论是上海、北京，在中国或在外国，只要是你去过的地方，动一下念头，马上便能到达那个地方，比坐飞机、火箭都要快，那里的环境、人事，一目了然。所以说，芥子可以纳须弥，一点也没有错。故佛弟子必须发大菩提心，修菩萨大道，证得真实的菩提，才是最大。

叮咛语：

孟子认为，人的本性是善的。每个人都有恻隐之心，关键在于有没有一个良好的环境，来培养在道德和修养上的自觉性。佛言："行道守真者善，志与道合者大。"为什么它的力量有这样大呢？因为他不怀恶念，才能把善良的力量发挥得淋漓尽致。

厚家健忍者無惡必為人尊何者最明心垢除惡行滅內清淨無瑕未有天地逮于今日十方所有未嘗不見得無不知無不見無不聞得一切智可謂明乎

第十五章 忍辱力明

"沙门问佛：何者多力，何者最明？佛言：忍辱多力，不怀恶故，兼加安健。忍者无恶，必为人尊。心垢灭尽，净无瑕秽，是为最明。未有天地，逮于今日，十方所有，无有不见，无有不知，无有不闻，得一切智，可谓明矣。"

上一章已分别解释善与大，本章于善大之中再明辨什么是多力，什么是最明。

会中又有一位比丘，请教佛陀："何者多力，何者最明？"什么东西的力量最大，又什么东西最光明？佛首先回答"多力"这个问题："忍辱多力。"忍辱的力量最大，拥有智慧是最光明。为什么忍辱有这么大的力量？且看"忍"这个中国字，心上一把刀，刀字再加一点，变成刃字，用这把利刀，插入你的心胸，你说要有多大的忍耐力！处逆境时，有人打骂时，怨害于我时，能默然忍耐，不被境转。尤其是在这个堪忍的娑婆世界，凡事都要我们去忍，不论是自然界的冷热，天灾人祸，身体上的生老病死，乃至心理上的忧悲烦恼，都要去面对，并安然接受。能忍之人，若"不怀恶故，兼加安健"，不去计较别人对自己的伤害，不记仇恨，就没有冤家，自然心安理得，身心自在。"忍者无恶，必为人尊。"忍辱的人，因为心地善良，没有恶毒的念头，不存私心，不为自利，只有善心，起心动念都是为着大众利益，这样的品德，久而久之，一定会受到他人的尊敬、赞叹。

至于最光明的东西，就是"心垢灭尽，净无瑕秽。"心内没有贪瞋痴等垢秽，清净无染，就像十五的月亮一样，没有丝毫瑕疵，光明磊落，无不彻照，打破无明黑暗，"是为最明。"达到这种境界时，智慧现前，当然是最明亮了。从"未有天地，逮于今日。"无始以来，直至现在，乃至未来，此光明普照宇宙所有一切事物，"十方所有，无有不见"，因眼识超越色尘，于东、南、西、北、四维上下（四维即东北方、东南方、西北方、西南方，再加上、下），什么都看得见，没有黑暗的障碍，得天眼通。当你破一分无明，即证一分法身，"无有不知"，他心通、宿命通都具足了。并"无有不闻"，十方八面，耳朵都能通达无碍。因为没有三毒的烦恼，当无明破尽，本体回复清净，"得一切智"，就是佛的智慧。虽说是佛智，但不是只有佛才能拥有，我们每个人都可以得到。怎样得到呢？方法其实已向大家介绍过了，肯学习忍辱，就能给你最大的力量，令一切见闻觉知，通达无碍，三明六通，样样具足，还有像佛陀的三十二相，八十种好。"可谓明矣"，这就是大光明、大智慧。这么大的能力，这么大的光明，统统是从这个忍辱产生出来的。

第十五章 忍辱力明

叮咛语：

佛说忍辱力最大，能忍之心最明，可昭日月。龙象之力，可算威猛，比之于忍，万万不如。忍是一种大勇、大无畏、大智慧，所以忍辱者能增长其力，养成平等互融之心境，作用很大。世间很多祸害，往往出自不能忍让，不可不慎。

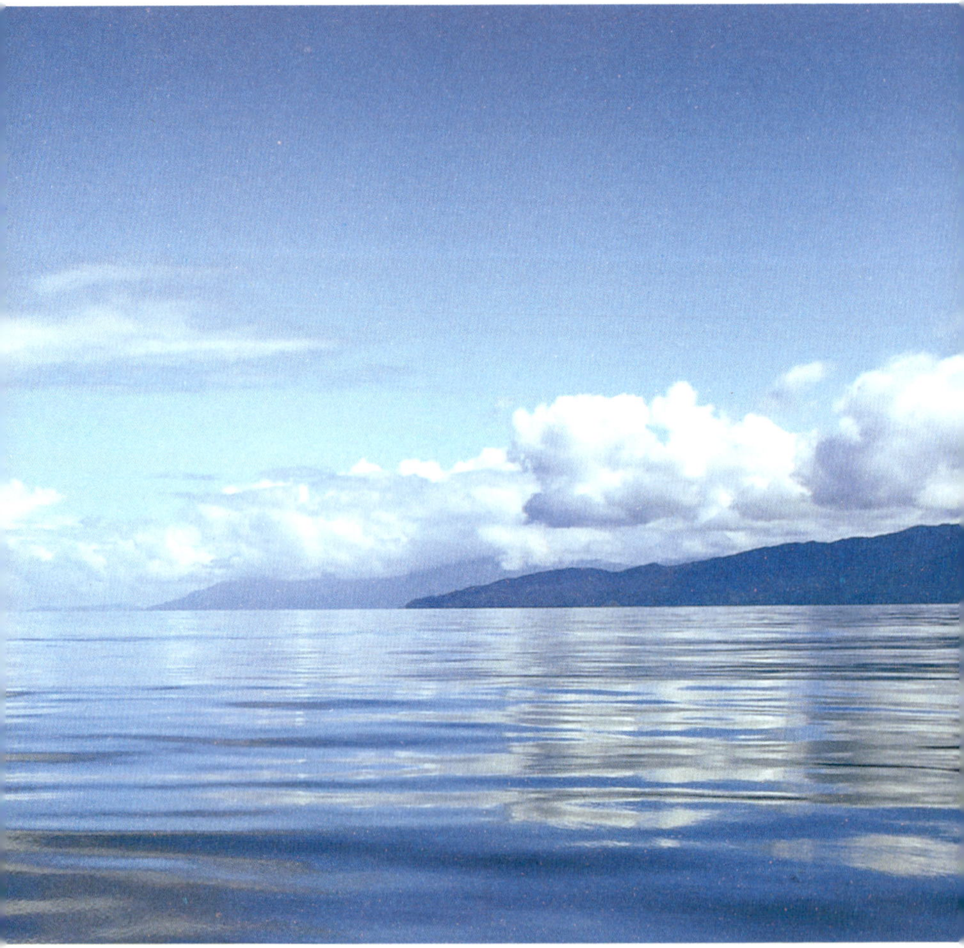

第十六章 断欲见道

"佛言：人怀爱欲，不见道者，譬如澄水，致手搅之，众人共临，无有睹其影者。人以爱欲交错，心中浊兴，故不见道。汝等沙门，当舍爱欲。爱欲垢尽，道可见矣！"

上章有沙门问佛，什么力量最大，什么是最明，佛陀都一一解释清楚，并说明忍辱的重要性。

此时佛知众意，还有未明，所以继续开示，说我等凡夫，不能见道的原因，在于"人怀爱欲，不见道者。"爱欲，这两个字，细分很广，包括见思、尘沙及无明三种迷惑，使人产生烦恼。见惑八十八使，思惑八十一品，于第一章已略谈。能令众生迷惑的事甚多，如尘如沙，只要心生一念无明，马上成为一惑。说的是众人的欲望，对财色名食睡，人人各有其贪爱，这个东西我喜欢，这个人与我有缘，总要爱，乃至投胎做人，皆因有爱的缘故。其实爱的反面，就是瞋。例如对不喜欢看见的某样东西、某个人，或不喜欢听的某句话，便产生瞋心、讨厌心，使自己常发脾气。怀有此等无明，就是被迷惑了，不能见真谛之道。

佛言人懷愛欲不見道者譬如濁水以五采投其中致力攬之眾人共臨水上無能覩其影愛欲交錯心中為濁故不見道若人漸解懺悔來近知識水澄穢除清淨無垢即自見形猛火著釜下中水踊躍以布覆上眾生照臨亦無覩其影者心中本有三毒涌沸在內五盖覆外終不見道惡心垢盡乃知魂靈所從來生死所趣向國土道德所在耳

第十六章 断欲见道

"譬如澄水，致手搅之。"修道好比澄水，若有人用手去搅它，水就变得混浊，因为内里有无数微尘沙泥，比喻无量无边的爱欲，只要一动念头，犹如搅水，心水立刻混浊不清。这时，"众人共临，无有睹其影者。"任何人来到水边，都看不到自己的倒影，因为水被搅浊了，影响所及，令你自己与所有大众，都见不到本来面目。"人以爱欲交错，心中浊兴，故不见道。"从早到晚，不停地追求污秽的欲望，被爱欲纠缠着，产生见思诸惑，身心不得安宁，不能见道，不能入圣流。

因此虽经无量劫的修道，也无法证果。大家可稍微观察一下，自己每天花多少时间、多少精神，去追求爱欲。人只要有爱欲纠缠不清，便垢浊兴起，等于失去内功，没有智慧了。因为心乱如麻，头脑不清醒，只顾胡思乱想，记忆力都要下降，哪有见道的可能。所以佛说："汝等沙门，当舍爱欲。"无论是比丘、比丘尼，皆应赶快舍弃爱欲。爱欲分三大类：第一，三界之爱欲，是见思之本；第二，偏真爱欲，是尘沙之本，如有余、无余涅槃是；第三，果报爱欲，是无明之本，如空有二边是。"爱欲垢尽，道可见矣。"是故能断尽见思惑，见真谛之道；能断尽尘沙惑，见俗谛之道；能断尽无明惑，见中谛之道。

这一章主要是佛陀教导弟子们，怎么去舍掉爱欲，令得道果。我们的心像一把秤，爱欲重时，秤尾便会翘起来，佛法重时，爱欲自然相对减轻了。去除爱欲有很多种方法，如念佛、诵经、听法，乃至洗碗、扫地、抹台都要用心，做任何事，头头是道，具足法味，则越做越开心，那就和道接近了。如果念佛时起烦恼，或诵经、做任何事都起烦恼，这不是念佛，是在念烦恼，说明你对佛法没有吸收，思想没有专注在念佛、诵经或做事。念佛号，能对治烦恼、欲望、分别和执著。彻悟大禅师说："清珠投于浊水，浊水不得不清，佛号投于乱心，乱心不得不佛。"念佛即是把清珠投入浊水，令心中爱欲所产生的苦乐等烦恼，不能立根，所以说，浊水不得不清，虽有妄想，若把一句佛号，念到瓜熟蒂落，自得心开，道就自然可见。

叮咛语：

这一段是佛对弟子们谈爱欲之过患，其实不单是修行人，纵使在大家的现实生活中，爱欲也是一大过患。多少人为了名誉、地位、权势、利益等等爱欲，弄至身败名裂，家破人亡。所以为了爱惜自己和家人，都不应纵欲。

第十七章 灭暗存明

"佛言：夫见道者，譬如持炬，入冥室中，其冥即灭，而明独存。学道见谛，无明即灭，而明常存矣。"

上章说爱欲断尽，方可见道。闻此言者，恐有人认为爱欲难断，因畏难而生退却，所以佛不待问，继举持火炬入暗室这一例子，灭暗存明，令修道人知晓无明是无体性的，只要见道，无明即可永灭。

经文"佛言：夫见道者，譬如持炬，入冥室中，其冥即灭，而明独存。"佛说见道的人，好像火炬之光明，有火炬之光明存在，黑暗马上消失。冥室代表我们的无明。无量劫以来，我们愚痴，因为没有机会接触佛法，不识因果，被贪瞋痴推波助澜而不自觉，朦朦胧胧，造了数不尽的愚痴业，结果出生入死，流浪六道，是多么可怜啊！我们这颗可修善种恶的心，不知停留在黑暗中有多久了，好比一间千年暗室，只要有一灯的光明，室内每一个角落的黑暗，马上消除，而且光明永远存在。这个比喻，冥室是我们的无明，我们的根本烦恼，虽说是根深蒂固，但只要拥有火炬的光明，见到了真

佛言夫爲道者辟如持炬火入冥室中其冥即滅而明猶存學道見諦愚癡都滅無不明矣

谛,便可以破尽所有无明黑暗。以下一段,进一步再作解释。

"学道见谛,无明即灭,而明常存矣。"关于修学佛道,志在成佛,要把无明垢染除去,才能回复我们本具清净的佛性。见道一般有两种,一是顿悟,一是渐悟。一般根器的人,不能在刹那之间顿悟,所以适宜勤学。老实念佛,是比较稳当的法门,透过念佛,我们渐渐找回自己的真如本性,看见真谛。无明与觉悟,可谓此消彼长,我们的无明遇到光明,还可以不灭吗?无明灭时,真谛的光明,会常存在心中,表示一旦悟道,智慧永远不会消减。宋代柴陵郁禅师有一首禅偈,很有意思:"我有明珠一颗,久被尘劳关锁,而今尘尽光生,照破山河万朵。"说的就是这一点光明,佛的自性,在圣不增,在凡不减。所以说你与我的佛性、真如,是没有分别的,这一点真如自性,尘埃一旦扫得干干净净,内里的光芒,闪闪生辉,必然照破山河万朵。

叮咛语:

学佛道者,要体悟真如谛理,启发无上智慧。智慧是每个人都需要的,读书有智慧,考试名列前茅;做事有智慧,必定长袖善舞;做人有智慧,就得自在。开智慧之窍门,在于我们能否破无明,此章指出修道的精要,就是要灭尽无明痴暗,契悟本具心性,令自性光明永现。

第十八章 无相会真

"佛言：吾法念无念念，行无行行，言无言言，修无修修。会者近尔，迷者远乎。言语道断，非物所拘。差之毫厘，失之须臾。"

前面五章所讲的，虽然有"顿""渐"不同的修持层次，但都在阐述有关世间的现象，属于俗谛法门。本章所讲的"念、行、言、修"四个方面，都是当体即空。空，指诸法的实相，也就是诸法的本来面目，这就在真如本体上，一切本来平等，属于真谛法门。俗谛法门讲"有"，我们所看到的形形色色，关于宇宙万有的一切现象，都在这个范畴里面。而真谛法门讲"空"，是关于真心的道理，属于形而上的思想领域。顿悟自性，看不见、摸不着，是直了成佛的无上法门，然而佛法的八万四千法门，都是修行的增上缘，顿渐圆融，顿悟与渐修，互不妨碍，渐修的终极回归于无念无修无证的清净本体。

佛在此段说："吾法"是自称所说，我的法门，要先破除空有二执，方见中道的妙理。"念无念念，行无行行，言无言言，修无

佛言吾何念、道吾何行、道吾何言、道吾念諦道、不忽須臾也修修。"先拿"念"字来解释一下,念无念念者,第一个念字是动词,好像念佛的念字;第二个念是形容词,无念佛的相;第三个念是名词,就是正念。也就是说,我们念佛,要念无念念。说的是我们虽然在念佛,但没有执著,将"在念"这个念头都应该舍弃,才能达到一心不乱(念佛三昧)的境界。所以叫"念无念念"。佛法除了用"念无念念"这个手段之外,"行、言、修"亦如是。修行用的是无功用道,必须放下,一切不要去计较,连修行的"修"字、"行"字也不存在。语言亦如是,《仁王般若经》说:"言语道断,心行处灭",没有什么言语可以用来说明,也不是我们的思维可以想象得到的,完全在于我们的身体力行、心神体会,所以说:"会者近尔,迷者远乎。"你能够领会、觉悟,不执著于念、行、言、修,当然与道相近;反之,不明道理者,他们迷惑不解,离道远尔。因为念、行、言、修,都是当体即空,"言语道断,非物所拘。"真如本体,非语言可以表达出来,非笔墨可以形容得到。宇宙一切日月星辰,地球上的山河大地,可谓森罗万象,头头是道,无非都是真如本体。重要的是,修行贵在亲证,唯有修行到了家,自然体会到,如人饮水,冷暖自知!

举个例子,唐朝有一位神赞法师,在百丈大师座下参学,三年后见到自己的本来面目,为报答剃度师恩,回到本常住侍奉师父。师父问他,在外几年学了些什么?答曰:"无法可得。"师父不明。有一天,他给师父擦背时又说:"好一所佛堂,有佛不灵。"师父转头看他一眼,他就不说了,当师父回转头时,又继续说:"虽然有佛不灵，却能放光。"意思是身体好像一所佛堂，虽有佛的精神，可惜还有妄想执著，此佛当然不灵了，可喜的是有见闻觉知，能作分别。又有一天，当师父在看经，他正好看到窗边一只苍蝇钻不出来。古时候，中国的窗户都是用纸糊的，苍蝇看到亮光，就不停地向那儿闯，把头都闯昏了，也没有办法出去。他就这样说："空门不肯出，投窗也太痴，百年钻古纸，何日出头时？"门这么大，你不从那边飞出去，未免太愚痴了。一个人修行若只在经本上研究，不肯于心地上切实地下真实功夫，是绝对无法息灭烦恼妄执，而得解脱自在的。

见性的人，触目皆道。这时，师父知道他与过往不同，在受业本师处，已启发心性，大彻大悟。过堂吃饭时，让他升座说法。神赞法师开示说："灵光独耀，迥脱根尘，体露真常，不拘文字，心性无染，本自圆成，但离妄缘，即如如佛。"这八句话，说明我们本具的灵光独耀，没有根尘之相对，是不生不灭、常住不动、不垢不净的。本来是清净的，何来染污？本来是具足的，何须向外求？只要能离妄心、攀缘心，当下就是如如佛。迷与悟只在一念之间，"差之毫厘，失之须臾。"有毫厘之差，须臾之时间，马上可以失去，这真是个不可思议的境界。

佛教为什么要讲"空"呢？就是叫你不要执著。学佛要脚踏实地，真正恒常无间断地老实修学，把佛陀所教导的，付诸实际行动。我们要把无念之念，应用到日常生活中，每一刻都在守着正念，绝无懈怠。行住坐卧，言行举止，进退如仪，时刻保持安祥,用外无所求、内无所得这样的心态去用功。

叮咛语:

我们的一念,最为神奇,让我们成佛的是这一念,让我们下地狱的也是这一念。迷于有为法的人是被相所转,只重外表而不知心行,悟无为法之人则懂得如何转心,所以看好念头,非常重要。

云林禅寺

灵鹫飞来

佛言觀天地念非常觀山川念非常觀萬物形體豐識念非常孰心如此得道疾矣

第十九章 假真并观

"佛言：观天地，念非常。观世界，念非常。观灵觉，即菩提。如是知识，得道疾矣。"

上章说真谛无相，用来对治偏空。这章引导大家如何空假不二，从而进入中道观。

天地世界，都是众生的依报，不论过去、现在或未来，人类都是生长在这样的环境里，佛陀就利用这些现实的东西，教我们如何去"观天地，念非常；观世界，念非常。"天地与世界，可觉悟二者之"非常"——"非"解不是，"常"解不变，谓不是不变，即是常常在变。用凡人的角度，天地代表宇宙的一切，在上有天、下有地之中间，就是我们人类居住活动的地方。地球只是一个小天地，但它也有春夏秋冬、寒暑迁流、自然生态的一切变化。至于山河大地，也有其成、住、坏、空，生灭无常。你看近年这么多海陆空难，不论水灾、火灾、地震、海啸等，皆在一刹那间，"桑田变沧海"，失去所有田园房舍。在重建的过程里，我们把海填起来，房子建起来，"沧海变桑田"，再次成就另外一个器世界，但这个世界又能持续多久呢！人们可曾从所有不断迁移流动的景象，领悟到人生的定律？在这一分钟看见的，下一分钟已经转变了，已经不是一分钟前的境况，如孔子所说："交臂非故"，所以不要把任何事物看成永远存在、是你永远可以拥有的东西。

再观察我们这个从五蕴缘聚的个体，一出娘胎，不是一步步迈向死亡吗？我们的思想念头，亦复如是，有生、住、异、灭，前念过去，又来一个念头，思想时刻在变迁，做不得主。这是什么原因？关键是未能找到一个正确的人生目标，没有去体察、去了解人生的意义，这样当然是不懂得如何去利用好这一期生命。人生一辈子，当活至六十岁，只有六十个冬夏，是这么短暂。明白人生无常，应生慈悲心，不论做人做事，真正去多关心自己身旁的人，跟他们少一点争名夺利，叫自己少一点争强好胜，放下执著。随着年岁的递增，所观的天地灾难、人生百态多了，自然更容易契入无常的道理。

佛陀继续开示说，"观灵觉，即菩提。"这个灵觉性就是一个菩提心。菩提，译为"正等正觉"，又名道心、佛性、真如、本觉、如来藏等。这个觉性，人人本具，在圣不增，在凡不减，是我们心中的夜明珠，只是被包得太好了，未能显出它自己的光辉。这颗夜明珠，不是向外求，只要把重重包扎的布条解开后，自然便会感觉它的存在。不要用世间的相对法或贪瞋痴心，应该用佛法无求、无贪的观念，去掉心中的无明恐怖，远离妄想执著，我们清净无染的觉性，马上回光返照，不论顺逆境界，都通得过考验。例如本来是很执著的,因为执著而产生很多烦恼,就要观无常。所谓花无百日好红,这样去学看空、看透一点,放下一些执著,就是把包扎布多解开一层,使烦恼随着时间流逝,让自己的智慧又增添一点儿。这样去反观自己的灵明觉性,时刻提醒自己,心不随着一切境界去转,便能转恶为善,转迷为悟,转烦恼为菩提,转凡成圣,把凡夫有漏的八识转为佛的四智。就在此时,烦恼即菩提,没有烦恼就没有菩提可得,只要狂心顿歇,歇即菩提。

最后的结论,佛说:"如是知识,得道疾矣。"假使我们以佛法来观,一切唯心造,这种道理去研究,这样来认识它,用"非有非空"的概念进入中道,便会很快得道了。

叮咛语:

人不肯接受无常,会令自己很痛苦的,因为世界天天在变,一切人、事、物都在变。但若人心不接受变幻才是永恒,那就苦了。其实无常并不是那么可怕,因为有无常,我们才明白原来苦和乐都有个尽头,即是世间事可以盛极而衰,同样可以否极泰来,不如接受他、处理他、放下他,把烦恼转为菩提。

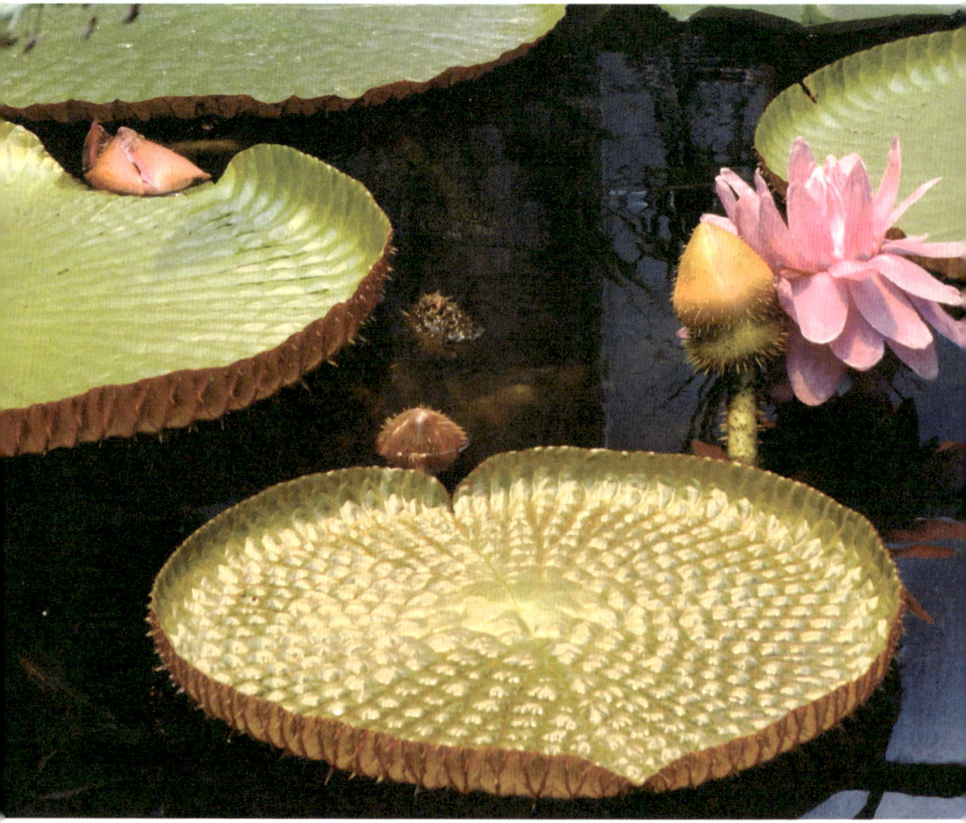

第二十章 身本无我

"佛言:当念身中四大,各自有名,都无我者。我既都无,其犹幻耳。"

上章佛陀教弟子们用观察来推究引证,不论物理或心理都离不开无常这个特质,但怕闻者执理废事,易入偏空,认为诸法皆空,我则实有。所以佛继在本章,先劝人观身,后把我执放下,作为入道之基。

"佛言:当念身中四大,各自有名,都无我者。"佛说我们应当要观察自己的身体,是由四大元素(地、水、火、风)和合而成。水忏有云:人身从头至足,有三十六物,包括发毛爪齿,皮肤指甲,肌肉筋骨,肪膏脑膜,脾肾心肺,肝胆肠胃等所有器官,以坚硬为性的,属于地大。眼泪涕唾、血液淋巴、胆汁胃液、垢汗二便,所有湿性之物,属于水大。有些物质,以温热为性,调热为用,如身体之暖热,以温暖为性者,属于火大。至于一呼一吸,以流动为性,属于风大。以上是佛门所用的"大"字,分门别类,来说明身体的结构。假如用当今医学角度,人体的每一个部份,都有其专用名词,试问可以用哪一个部份、哪一个名词来代表"我"这个整体呢?若然说地、水、火、风,都是我的,便有四个我了,再加上精神,到底物质是我,还是精神是我?

当知任何一个部份都不是我,这个"我"是一个假名罢了。这个假我,虚幻不实,是不究竟的。再深入一层,去了解经文最后两句:"我既都无,其如幻耳。"既然不能成立一个"我",名字是假的,躯壳也是不实在的,为什么还要执著它呢?为什么要把它看成这么重要?五蕴非有,四大皆空,呼吸一停,火大离开,身出脓水,很可怕呀。还有自己身上的虫,吃自己身上的肉,剩下的骷髅头,结果一切都会消灭。用这个方法来推想,便能知道此身不实,身体真是如幻如化,我们不可以错认为实有。没有一个"我"可得,自然不会执著这个身体,就要把它放下,这才是修行入门的好方法。

可叹世人,不知无常这个道理。孔子不收过夜帖,因为今天晚上脱了鞋子,不知明天还有没有机会穿上。所谓朝不保夕,早上外出,也不知道晚上能否回家。短暂的人生是这样无常,因为天地无常、世界无常、国土危脆,我们的身体、起心动念,何尝不是变幻莫测呢!作为佛弟子,一定要明白,"人身难得今已得,佛法难闻今已闻。"有些人,一生未闻佛法,也有些人,修行一辈子,仍然未明什么是佛法。佛法是金钱买不到的,这是无价之宝,我们有机会听闻佛法,实在难得,要好好把握当下一念,依教奉行,用功办道。

叮咛语:

一个女婴哇哇落地时,我们称她为女婴,之后是女孩、是少女、是女士、是太太、是婆婆,其实哪一个才是她?所以大家都要观身如幻,我们的色身无时无刻不在变化着,说明这是人生的一个过程。在这个过程中,不论物质上、精神上,一切都是梦幻泡影,又何须用力执著不放呢!

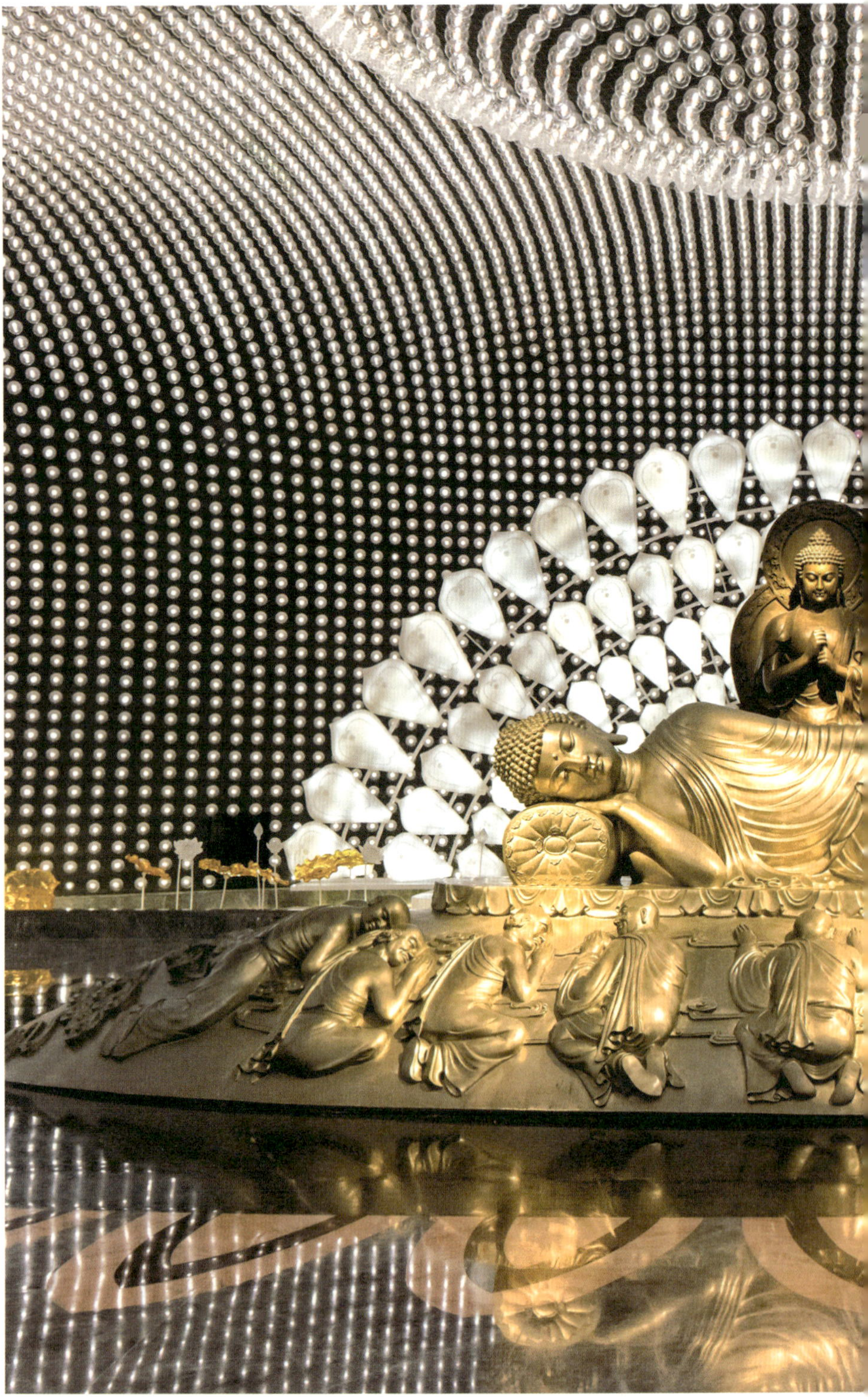

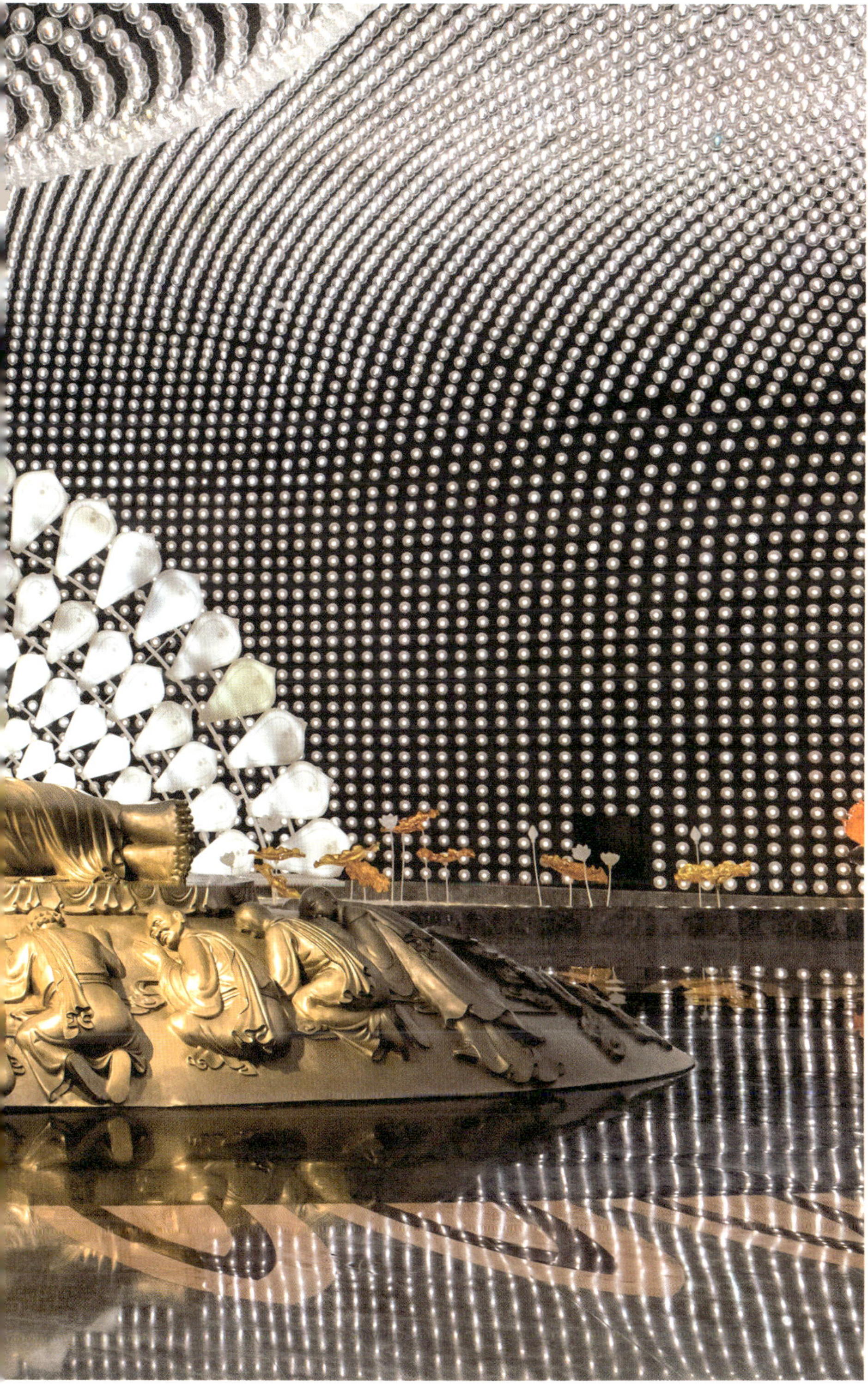

佛言人隨情欲求華名譬如燒香眾人聞其香然香以薰自愚者貪流俗之名譽不守道真花名危己之禍其悔在後時

第二十一章 好名丧本

"佛言：人随情欲，求于声名，声名显著，身已故矣，贪世常名，而不学道，枉功劳形。譬如烧香，虽人闻香，香之烬矣，危身之火，而在其后。"

人活着不应为了色身，亦不应为了功名。在上一章，佛示修道人用"四大"来观察这个身体，是何等如幻如化、不究竟，所以要务实修行，放下我执。此章则教诫世人，不要视名誉为第二生命，因为这样你会不择手段，盲目追求，不但得不到好名声，还会带来痛苦，于己无益，反有害处。

"佛言：人随情欲，求于声名。"佛说不要随着自己的心情欲望，去追求名誉。大多数人，衣食足之后，便会想到名利与权势，有人奉承你，听了多开心！要知道，这不过是个虚名假势而已。名与修行一样，不用向外求，要从自心修。常言"虚名"者，就是不实在。做人最重要是有德，因名从德生，有德之人，其名自显。经文又说："声名显著，身已故矣。"遗憾的是，当你求到名誉之时，这个身体可能已在老死的边缘，到那个时候，你所祈求的再不会是名誉，而是健康长寿，乃至死后的趣向，名利对生存有何意义？踏实的名誉，都是要经过一番寒彻骨，是从磨炼中成长的。假使少年得志，容易轻浮，没有足够的德行去承受，也许不久会从高处跌下来，这样更惨！因为你经验不足，没有基础。学道求法，好比煮饭，要有足够的时间。两者都是欲速不达，不可操之过急，不能一曝十寒或中途而废，更要发久远心。对学佛人来说，倘若"贪世常名，而不学道，枉功劳形。"学佛不修道，而贪世间虚名，则为何呢？即使做到心力交瘁，都是浪费时间，没有得到真实的受用，白白糟蹋了这一期生命。

　　佛再以烧香作一比喻："譬如烧香，虽人闻香，香之烬矣，危身之火，而在其后。"烧香比喻人随其情欲，去争名夺利，虽然当时闻到香味，大家也喜欢，可惜太短暂，回头一望时，香也差不多烧完，变成灰烬。人为着名利，将一生精力耗尽，人也快将老死，徒劳一生。但星星之火，可以燎原，一不小心，自己可能遭殃而被烧死，所以说名利的背后，危险之事多的是！若被业力所牵，于六道中轮转，最为不值，名利真的要去追求吗？

　　佛门里有两句话："莫待老来方学道，孤坟原是少年人。"不要待老来才修行，也不要以为自己还年轻，时间多。人生无常，所以当身体健康时，就要把握时间，好好学，好好修。不要为个"我"字，争名夺利，这是没完没了的。人生只有几十个年头，如果命短，早已完了，我们不如把时间、精力，用在学佛、念佛、做人、修德，不是更踏实吗？

叮咛语：

无论是学道或实践你一生的志业，都应好好把握时间，因为时间是不等人的，转眼就白头了。假设人一天平均睡八小时，若然一个人能打拼的光景可到六十岁，那么你大概就睡了二十年，真正实干的时光又有多少呢！

佛言財色之於人譬如小兒貪刀刃之蜜甜不足一食之美然有截舌之患也

第二十二章 财色招苦

"佛言：财色于人，人之不舍。譬如刀刃有蜜，不足一餐之美。小儿舐之，则有割舌之患。"

上章说好名无益，甚至有损，此章诫执财色者，必招苦果。

佛明确告诉大家："财色于人，人之不舍。"人对财与色，都有贪着，这两样东西迷惑着很多人，亦困扰着很多人，可以说一口气未断尽，始终不能舍弃它，到最后往往被其所害。财是金银珠宝，有些人认为金钱是万能的，有钱什么都可以拥有，什么都可以解决，可惜这并不是绝对的一回事，有没有想过心灵的财富，用金钱是绝对买不到的。讲到色字，是指男女淫欲，有些人不看重财物，但对色就是放不下，并且贪得无厌。世人认为财是生活的必需品，色乃是人类的本能，所以要他们舍财离色，确实是难。就算有些人对财不是很贪，但要他舍去已拥有的财富是件难事，要他离色欲那就更不用说了。可能只有常修梵行，才能远离财色，得到自在。明白此理，切勿追逐财色，令自己的法身慧命受到伤害。

佛陀用一个比喻，再作解释："譬如刀刃有蜜，不足一餐之美。小儿舐之，则有割舌之患。"财色二者，人人所爱，犹如放在刀口上的一点蜜糖，虽不能代替一餐可口的美食，但无知的小孩，看见了蜜糖，就用舌头去舐食，不知道这样会有割舌的危险。这比喻愚痴无智慧的人，因为贪爱财色，就像小孩舐食蜜糖，把舌头割伤一样。所以要把财色看破放下，才能免除后患，包括身败名裂，倾家荡产，患病身亡，乃至六道轮回，种种苦果。

有偈云："人人爱着色身，谁知身是苦本，时时贪图快乐，不知乐是苦因。"人人为了自己身体的感观享受，不断去追寻快乐，就好像小孩子那样无知，贪图刀口香甜的蜜糖，终于惹来伤身之祸。生死轮回，皆因贪欲起，尤其是色欲，它是生死的根源。《楞严经》有云："淫心不除，尘不可出，纵有多智，禅定现前，如不断淫，必落魔道，上品魔王，中品魔民，下品魔女。"这是很值得大家去思考的。其实我们这个身体，是多么的麻烦，整天要为它打理，梳洗穿衣、吃喝、大小便等，病了要带它去看医生，一天到晚为它做奴隶。这个臭皮囊，可以说只有外面的一层包装，里面装载着的，就是粪便，一旦打开包装，臭得要命，谁都不爱。在人生过程中，苦多乐少，苦从哪里来？有个身体就是苦。若能用心回光返照，只要把我们这个五蕴身体，好好利用起来，借假修真，贪欲自然慢慢消灭，如是则身心自在，智慧现前。

叮咛语：

佛形容贪财爱色，不足一餐的美食，却有割舌之患，是很好的训示。现实世界中，很多人爱作投机的玩儿，刚好印证了佛陀这个比喻，赚了一点儿，却把一生积蓄蚀进去，不是很笨的事吗！

佛言人繫於妻子寶宅之患甚於牢獄桎梏榔檔牢獄有原赦妻子情欲雖有虎口之禍己猶甘心投焉其罪無原赦

第二十三章 妻子甚狱

"佛言：人系于妻子舍宅，甚于牢狱。牢狱有散释之期，妻子无远离之念。情爱于色，岂惮驱驰？虽有虎口之患，心存甘伏。投泥自溺，故曰凡夫。透得此门，出尘罗汉。"

第二十二章讲放纵自己，寻迷于财色，会招来苦果。怕大众还未明白，所以在此章举了一个非常生动的例子，来说明众生爱欲的祸患，非同小可，必须远离之。

佛说："人系于妻子舍宅，甚于牢狱。牢狱有散释之期，妻子无远离之念。"佛陀用牢狱来比喻妻子舍宅，只要爱上妻子及财物，其祸患比被关在牢狱中更甚。除了终身监禁，坐牢尚有释放之期，而妻室呢？因为爱她，心甘情愿，自以为好，有生之年，都不会想到要离开自己的妻室，这不就是释放无期吗？凡夫只管盲目追求这些爱欲，可惜的是，身处牢狱而不自知，以为是幸福之道，结果一世人就是为妻室财物去劳役，无常一到，便各走各路，前途自理，到那时方才醒觉已经太迟了，已虚度的光阴，更加无法挽回。

莲池大师《七笔勾》的第二笔，说夫妻不论如何恩爱，也要一笔勾。虽说夫妻之间互爱，其实是活鬼冤相守，假如太太一个人外出，先生不放心，怕有人勾搭她；先生一个人出外，太太也挂心，怕他出去勾搭人，这是缠缚之苦啊！无形当中就像罪犯一样，把枷锁戴在脖颈上，行动不方便，如何活得自在呢！

"情爱于色，岂惮驱驰。"人为了爱情、女色，真是敢作敢为，不顾代价，不怕牺牲，即使做牛做马，亦勇往直前，什么事都可以做出来。"虽有虎口之患，心存甘伏。"为了情欲，就算要身入虎穴，随时有丧命之危，也不惧怕，因为心甘情愿，哪怕被老虎吞噬，也要冒险。从古至今，上至国王，下至平民百姓，为了情欲，有人弄到家破人亡；有人为了感情，江山都可以放弃。所以说，女色犹如刀口上的一点蜜糖，愚者舐之，即时有割舌之患。下面佛说得更精妙，用"投泥自溺"来形容，即是自己跳进污泥水中，溺死自己，真是太放任了。自投罗网，这样自以为是，终须自作自受，自取灭亡，是多么愚蠢之事啊。"故曰凡夫"，所以说他们都是凡夫。

"透得此门，出尘罗汉。"相对来说，若能逃过情爱、女色，乃至财物这一关，就成为出离尘俗的罗汉了。

爱欲不但不会让凡人快乐，它还会误导我们从迷入迷，永劫不复，故不可不慎。

叮咛语：

人生无常，情欲亦是无常，这个人今天很爱你，明天可能变心，再遇上时，仿如陌路人。因为人心无常，是故爱恨也无常，没有恒常不变的可能。再说，"夫妻本是同林鸟，大难临头各自飞"，所以我们要学习接受、放下，才能自在。

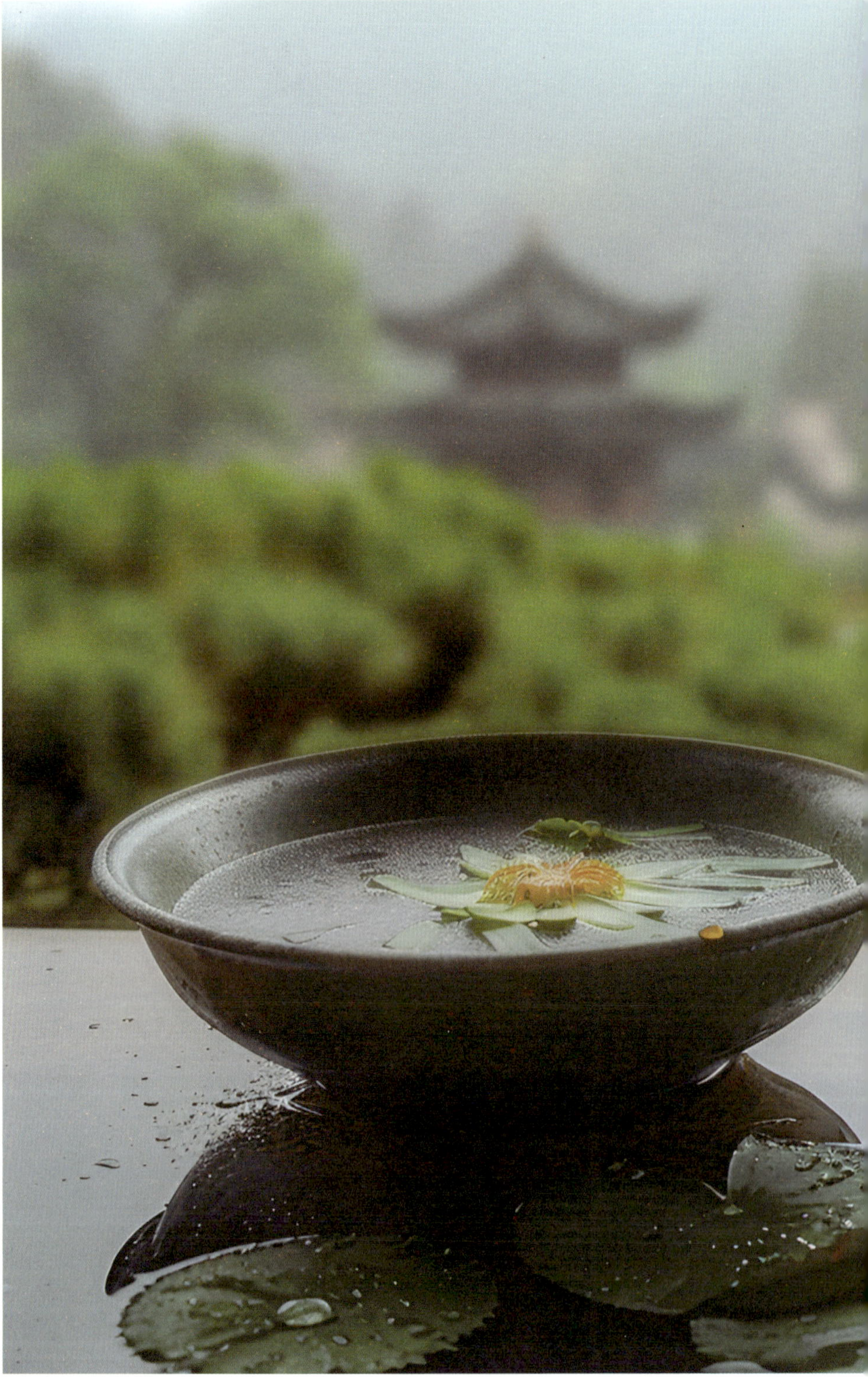

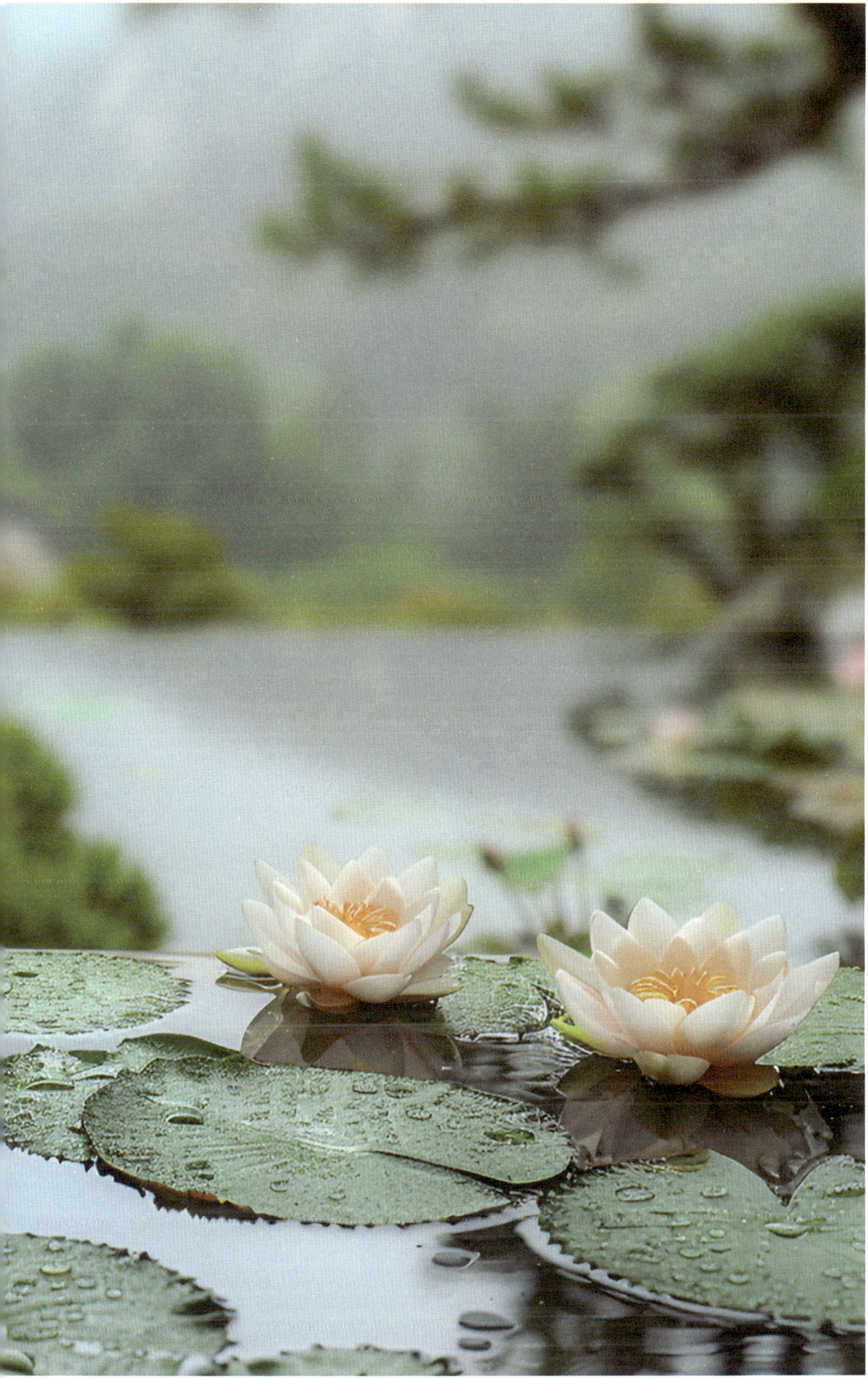

佛言愛欲莫甚扵色、之為欲其大無外賴有一矣假其二同普天之民無能為道者

第二十四章 恋色障道

"佛言:爱欲莫甚于色。色之为欲,其大无外。赖有一矣,若使二同,普天之人,无能为道者矣。"

上章说爱欲招苦果。这章特别指出色欲是修道者的一大障碍,比其他欲望,遗害更大,不可贪着。所以"佛言:爱欲莫甚于色,色之为欲,其大无外。"佛说世人的欲望甚多,可以是男女夫妻、家庭眷属,也可以是对金钱、饮食、房舍的钟情,当然有些人是对地位、权势特别重视,但没有比迷恋于女色更为严重,祸患无穷,故说其大无外,没有边际。

爱欲的范围很广,归纳起来,走不出佛门所说的五欲,即财、色、名、食、睡五样东西,这里所说的爱,指的是女色。出家人修梵行,实践不淫,断除淫欲,不但身体行为,甚至思想念头都不能动。在家居士修的是不邪淫,虽是一夫一妻,也要尽量节制,因为淫欲是生死的根本,若要出离三界,首先要除根,好像一条船要起航,先要起锚,才能前进。我们这个身体,是从爱欲所生。过程中有几个不净,其一是种子不净,父精母血,加上个人对父母之爱，把精神投入母胎；其二是住处不净，怀胎十月，都是和母亲内脏的秽物做邻居；其三是出生不净，意思是要从母亲的下道走出来；最后是举身不净，臭皮囊包着的，里面有脓血、大小二便，可以说从头到脚，全身都不干净，都是不值得我们去贪爱的。佛将要涅槃时，其弟子们曾问：佛陀你老圆寂后，我们以谁为师父呢？佛陀回答："以戒为师。"又问我们住哪里啊？"住四念处。"第一念就是要我们观身不净，试想一想，一日不冲洗身体，就会发出异味，睡觉时像一个活死人，死的时候，四大分离，身体变成一堆废物，都是污秽。所以说如对以上有执著者，要用不净观来对治，去观想，让欲念渐渐降低，达到不起。世间人有这么多烦恼与痛苦，皆因住着色欲。"赖有一矣，若使二同，普天之人，无能为道者矣。"还好的是，人们只有一个这样严重的欲望，假使还有多一个类似色欲般强烈之欲，要去追求，真是不堪设想！如果世上所有的人，都沉迷于色欲，谁也不肯去修道，那就天下大乱。社会上不论是男是女，对色欲恋而不舍，小则入狱，大则丧身，故此佛劝告我们，不要被五欲，尤其是色欲，扰乱我们的心智。这个众生通病，所带来的后遗症，就是痛苦，希望我们能提高认识，淡化色欲，取而代之，是起步修行，不论是持戒或念佛，都能令我们头脑清醒，用理智来控制心念，以佛法来对治欲望。

第二十四章 恋色障道

叮咛语：

这一段谈到爱欲乃为障道之本，修行不单因为爱欲而不成道，引用到一般俗人凡夫，也是因为爱欲，障碍正常生活，自毁前途家庭等等，不可不慎。

佛言愛欲之於人猶執炬火逆風而行愚者不釋炬必有燒手之患貪婬恚怒愚癡毒寔在人身不早以道除斯禍者必有危殃猶愚貪執炬自燒其手也

第二十五章 欲火烧身

"佛言：爱欲之人，犹如执炬，逆风而行，必有烧手之患。"

上章已说迷恋色欲的危害，会障碍道业，恐大家还在沉迷。所以在此章要加强认识。佛虽然只用了这么短短的四句话，所举的例子，真是义理深广。

爱欲可怕之处，在于它能伤身，不单是五蕴的身躯，连带法身慧命，也会受到伤害，故不可接近，不能放纵。情形是贪恋爱欲的人，很自然地随着自己的欲望去追求，能令你失去自制。人的欲望，永无止境，可以说是没有完、没有了的，永远得不到满足。何况这欲望是无情的，就好像现在的青少年，迷恋玩游戏机一样，若不能打破往绩，不肯罢休，哪怕是睡觉、吃饭、上学，也可以置之不理。淫欲之乐是短暂，而带来痛苦无量，成为烦恼之根源，实乃生死之本。

佛说："爱欲之人，犹如执炬，逆风而行，必有烧手之患。"情欲是热烘烘的，好像一具火把，拿在手中，火势这么大，加上逆风而行，一定很快烧到自己的手。烧手事小，有可能会带来烧身的大祸，乃至山林田舍，一发不可收拾。贪色纵欲让人短命、速死，会给人带来无穷的祸患，历史上多少英雄豪杰，上至皇帝、下至平民百姓，为色欲故，败坏名声，尽至家破人亡。经文所说执炬逆风而行，比喻色欲重的人，背觉合尘，就是不听教诲，不顺佛意，倒风而走，与佛法背道而驰。作为佛弟子，应当顺风之行，背尘合觉，才能与佛道相应，精进办道，一门深入。如多念佛求生西方，不贪慕世间欲望，把佛法用在我们日常生活中，对衣食住行，都要知足。不论出家、在家，身份虽然不同，在不同的岗位上，大家做好本份，努力修学，依教奉行。时刻以《普贤菩萨警众偈》来提醒自己："是日已过，命亦随减，如少水鱼，斯有何乐……"要知普贤菩萨已为我们敲响警钟，光阴似箭，很快一日又过去了，寿命亦随着少了一天，你看看在浅水里摇曳生姿的鱼儿，还有多长久的生命？贪著爱欲，必得苦果，就像逆风执炬而行烧手无异。《大佛顶首楞严经》卷八有这样说："是故十方如来，色目行淫，同名欲火；菩萨见欲，如避火坑。"大家要鞭策自己，不可贪图爱欲，要净化身心，把欲念转为净念，欲火化为清凉。

第二十五章 欲火烧身

叮咛语：

一个不知学道成佛的人，一生可能都会被爱欲所牵累。在生命中，被眷属、妻子、儿女、房舍、田宅所束缚，难得有出离的一天。如能舍离爱欲，学习放下，才有机会踏上菩提大道。欲望多时苦恼亦多，多欲就是烦恼障。若要脱离各种苦恼，必须先学知足，能知足，才能有舍离的心，远离情欲。修持学习，亦不可懈怠，既然生命是有限期，那就要珍惜生命，爱护人牛。这样，方能在有限的生命中，作出无限有意义的事业。

時有天神獻玉女於佛欲以試佛意觀佛道佛言革囊衆穢爾來何爲以可斯欲難動六情去吾不用爾天人愈敬佛因問道意佛爲解釋即得須陀洹

第二十六章 降魔化他

"天神献玉女于佛,欲坏佛意。佛言:革囊众秽,尔来何为?去,吾不用。天神愈敬,因问道意。佛为解说,即得须陀洹果。"

上章谈到爱欲之患,根源在于男女间的色欲,它所带来的害处,就好像手执火炬,逆风而行,终会烧手烧身,非常危险。这章说佛陀初成道时,曾受到种种的考验,天神派了天女去扰乱佛,佛有定力,不但不为所转,反而用佛法感化了他们,成为自己的护法。

"天神献玉女于佛,欲坏佛意。"天神是六欲天之神,为了破坏佛的梵行,曾献给佛陀三位美丽动人的玉女来引诱佛,要令佛生起欲念。又有一次,佛在打坐时,魔王把自己化为美女,来献花供佛,佛即观想人生无常,有生老病死种种变迁,现在虽然年轻貌美,一旦年龄大了,老态龙钟,头发斑白,面黄皮皱,哪有可爱之处!佛陀并用神力,使她们即刻变成老太婆,并说"革囊众秽"。人的身体就是一个皮袋子,有的用丝绸,有的用粗布造,虽然包装材料不同，但这个袋子里面所装载的东西，都是不干净的，就好像大小便用的马桶，有的用红木制造，也有的用普通木料，外表看来都是马桶，用料虽有别，而桶内装满的，都是同样臭秽的粪和尿。人的相貌有好丑，假使生得最好，里面也是秽物，所以佛继续呵责她们说："尔来何为？去，吾不用。"不要用这些方法来扰乱我的心，破坏我的用功办道。回去吧，我不需要你们！佛的道心这样坚固，"天神愈敬，因问道意。"天神反过来对佛生起恭敬心，求佛开示。"佛为解说，即得须陀洹果。"她们听了佛法的道理后，马上得到解脱，把爱欲的心、迷惑的心，统统放下，并证得初果阿罗汉，成为佛陀的护法。

　　佛陀将自己修行的历程，和盘托出，付予大众，不但自利，还要利他。自己信心坚固，不被一切外境所染，不为男女爱欲所动，还能为对方说法，使对方证到初果阿罗汉。这须要很大的智慧，虽肯发心修行，如果没有智慧，只会好心办坏事，没有好结果，还给人带来很多烦恼。佛陀内心清净，没有欲望，没有分别心，所以能运用其无上智慧，自觉觉他，觉行圆满。

第二十六章 降魔化他

叮咛语:

前面数章说色欲之害,这色欲不仅是指男女双方之事,现代社会上还有女和女、男和男,发生同性恋爱。被色欲所迷者,任何颠倒事情都会做出来,良可痛心。佛陀慈悲,以身作则,教导世人如何在这方面,进而化他。

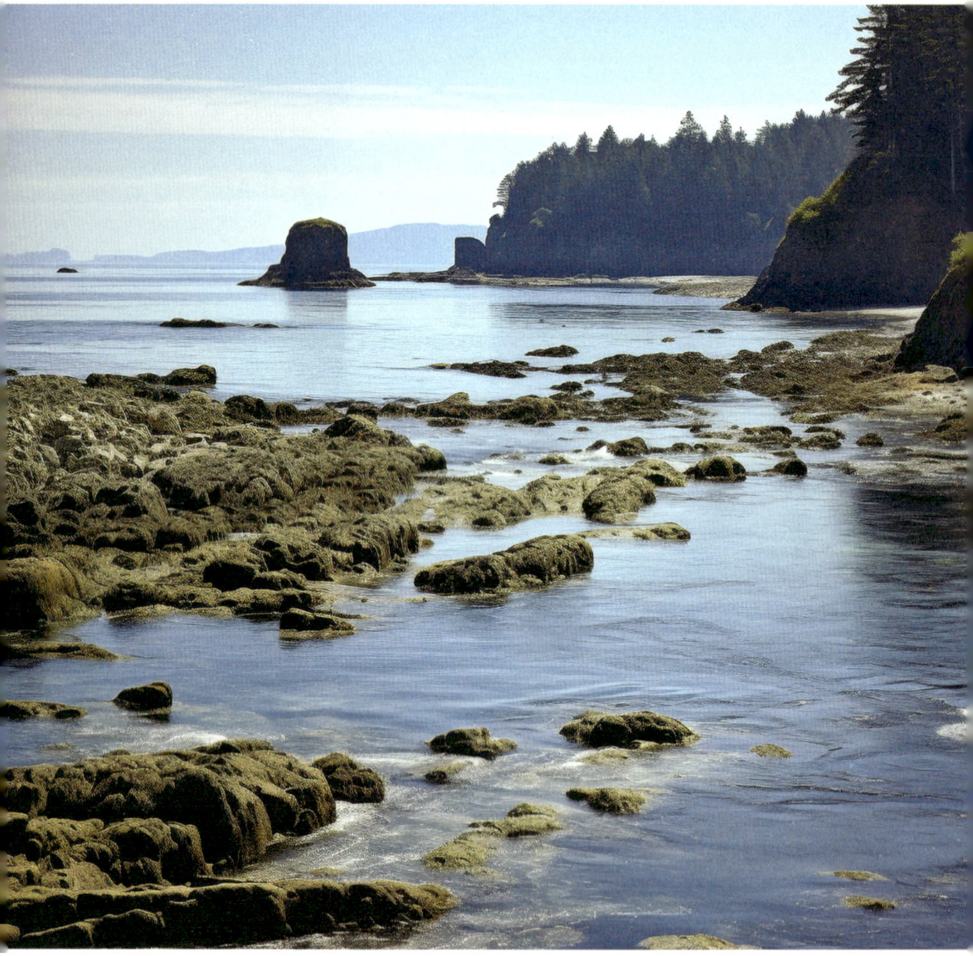

第二十七章 无著得道

"佛言：夫为道者，犹木在水，寻流而行，不触两岸，不为人取，不为鬼神所遮，不为洄流所住，亦不腐败，吾保此木，决定入海。学道之人，不为情欲所惑，不为众邪所娆，精进无为，吾保此人，必得道矣。"

上章说爱欲能扰乱道业。在这章佛首先劝导大家，不要执著空有两边，方能入道。佛随即以一个比喻说明之。

"夫为道者，犹木在水，寻流而行。"修道人就像一块木头，浮在水面，随着水流前进。木头代表人，水流代表学道的方向，我们现在要学道，怎样才是顺水行舟？如理如法，掌握方向，随着中道，"不触两岸"，到达大海（成佛）这个目的地。两岸代表情与欲，有见思的情欲，又有无明的情欲。见思的情欲就是执著生死，无明的情欲就是执著涅槃。所谓凡夫执有，二乘人执空，空与有两边都不能有所执著，必须行个中道。就如木头浮在河水中央，随波逐流，只要不碰到两岸，便"不为人取"。即是说，修道者不被情欲所迷惑，自然直达涅槃城。

佛言夫爲道者猶木在水尋流而行不在觸岸亦不右（左）觸岸不爲人所取不爲鬼神所遮不爲洄流所住而不腐敗吾保其入海矣人爲道不爲情欲所惑不爲衆邪所誑精進無疑吾保其入道矣

情欲包括憎恶、爱著、悲哀、喜悦、色恋等这些东西。又好比作河流，名为爱河，也就是充满烦恼流。若能顺河而下，打破这情欲的困扰，就是"不为鬼神所遮"，不会被外道邪见，障碍道业。《地藏经》云，鬼有分多种，如有财鬼、少财鬼、无财鬼等。有财鬼者有福报，寿命亦长，但没有智慧，他有一定的异能，可以翻山倒海，喜欢抱打不平，你有求于他时，他可以利益你，但也会反目来伤害你。至于少财鬼，如祖先等，有人去祭祀，也有每日下午三、四点后出现，寻找饮食。无财鬼是饿鬼之类，肚很大，喉咙很细，咽不下食物，常受饥饿之苦。讲到神，他们有福报，好像香港的黄大仙、车公等，替人祈福，受人供奉。其他如天龙八部、阿修罗等，都属于神。鬼神比喻心里的爱欲、烦恼，不停地纠缠着你，遮盖着自性，好像河道两岸的废物，障碍航行。

"不为洄流所住"，洄流比喻修行时所遇到的考验，可以是外境、人事等种种诱惑，使你欲前进时反而往后退，好像碰到急流而洄，又如逆水行舟。对治这些魔境，就要有定力，心不被它所动摇，更不能懈怠，要加把劲，精进办道。这样，虽遇洄流，也能向前迈进，直道而行，不被洄流所住。

"亦不腐败"，腐败指著相修行。有相，就是有法可得、有佛道可成、众生可度，这就像木头掉在水里，只会腐烂，永远达不到目的地。无相修行，于一切相，离一切相，无法可得，则海阔天空。修行是这样无挂碍，好比木头不腐烂，所以佛陀"吾保此木，决定入海。"这块木头，一定能从河道，走入大海，亦即是证入自性法身海。

佛陀最后作一总结，指出"学道之人"，如何得道。就是"不为情欲所惑，不为众邪所娆，精进无为。"精进是修行的根本，所谓无为，就是清净心，既不被情欲所迷惑，亦不被爱见众邪所扰乱，"吾保此人，必得道矣。"如是学道，佛陀保证这个人，必定可以得道，见到本来面目。

叮咛语：

这一段的主旨，讲学道的心态，引黄檗禅师偈云："学道犹如守禁城，紧把城门战一场，不经一番寒彻骨，岂得梅花扑鼻香。"精进无为，是其方便，做事只凭一心，取中庸之道，得失不必太在意。精进就是在做事当中，经得起考验，不要存太多私心，则成佛有余。

第二十八章 意马莫纵

"佛言:慎勿信汝意,汝意不可信。慎勿与色会,色会即祸生。得阿罗汉已,乃可信汝意。"

上章说明修行须离诸障,在这一章佛陀用短短几句话,劝诫众生谨慎,未证阿罗汉果,不要相信自己的心意,亦不要接近女色。

"佛言:慎勿信汝意,汝意不可信。"佛说,修行要特别小心,不要相信自己的意念是对的,更不要随着自己的心,去追求自己所想得到的东西,因为你的心意实在是靠不住啊!一般来说,意这个第六识,不断在思量审度,将前五识(眼、耳、鼻、舌、身),一根对一尘,对上五尘的色、声、香、味、触。第六意识有分别善恶的作用,第七末那识执著"好与不好"这个讯息,马上传送到第八阿赖耶识。第八识就是田地仓库,收纳所有黑白种子,只要助缘具足,便会发芽生长,开花结果。

佛陀为何说不可以信自己的意呢?人意如猿猴野马,若任其恣情,必遭灾祸。因为三业之生,意为根本,若不顺意,身三之

佛告沙門慎無信汝意終不可信慎無與色會即禍生得阿羅漢道乃可信汝意耳

杀、盗、淫，口四之妄语、两舌、恶口、绮语这七支，便无法生出来。意又可发动身体去作诸行为或嘴要讲的话，所以指挥官不是身口，而是自己的心。《佛说八大人觉经》有云："心是恶缘，形为罪薮……"心是罪恶的根源，形指我们这个身体。心出主张，由身体去受果报，不论生老病死，都是在六道里，出出入入，受多少苦！我们日常用的心，都是有妄想有执著的攀缘心，把我们塞满了无明爱见、我慢疑惑，日以继夜在推动我们去造业，叫我们如何去相信这颗心呢？

欲之中最严重的是色欲，要好好回避，所以佛又说："慎勿与色会，色会即祸生。"要远离女色，千万不要和它打交道，这是祸根，后患无穷。众生无量劫以来的生死轮回，都是因为恣情纵欲。《楞严经》说，不戒淫，尘不可出。意思是淫心不除，不能超三界了生死，所以一定要断淫欲。以前有一位禅师，已证五通，于雪山打坐，功夫很好，声名远播，传到皇宫里，皇帝于是召他入宫说法。他用神足，从空中下来，皇帝对他非常恭敬，亲自接足礼拜。从此以后，每逢初一、十五，都恭请他入宫供养说法。有一次，皇帝有要事，交代女儿同样以手接禅师足，当禅师的神足踏在公主的掌心时，觉得手掌有点不同，很柔软，马上失去神通。所以说男女有别，万恶淫为首，我们对色欲要慎重，祸深莫测。

"得阿罗汉已，乃可信汝意。"人要减少欲望，天天都要做功夫，如持戒、念佛、拜佛等，用一条绳把心猿意马绑在一处，不让它东跳西跑。用此方法来控制这个攀缘分别心，不让它自由放逸、胡思乱想，再用空观去掉见思烦恼，断欲去爱。待证得阿罗汉果后，才能把握到自己的心，对色不会动摇，心地清净。到那时候，才可以相信你自己的意。

叮咛语：

佛知众生心如野马猿猴，难调难伏，贪著世乐、恣情纵欲，迟早会惹祸上身。我爱、我见、我痴、我慢四大烦恼常相随，是故不能相信自己的意念，即不要相信"我"。摄意远色，才是修学的捷径。

第二十九章 正念观女

"佛言：慎勿视女色，亦莫共言语。若与语者，正心思念，我为沙门，处于浊世，当如莲华，不为泥污。想其老者如母，长者如姊，少者如妹，稚者如子，生度脱心，息灭恶念。"

上章说色欲是祸根，后患无穷。这章告诫佛弟子切勿亲近女色，并进一步说明，如何远离女色。一开始佛便说："慎勿视女色，亦莫共言语。"应以女色为诫，以防止生起爱欲之心。唐代有一位道琳禅师，三十五岁出家，严持戒律，甚至不见女人，不与女人共语，不受女人供养。只要看见有女人走过来，便马上回寮房，把门锁起来，一日一食，寒暑一袭百纳衣，女人不可见。佛陀虽在告诫男众，以同样道理，女众亦要远离男众。

"若与语者，正心思念，我为沙门，处于浊世，当如莲华，不为泥污。"若必不得已，而须共语，应心存正念，作是思维：我非在家庸俗之辈，乃是一出世大丈夫，当处浊世而不受染，如莲花之出于污泥。有此正念定力，必能克服自身障碍。于《长阿含佛告諸沙門慎無視女人若見無見慎無與言若与言者勅心正行曰吾為沙門處于濁世當如蓮華不為泥所汙老者以為母長者以為姊少者以為妹幼者以為子敬之以禮意殊當諦惟觀自頭至足自視內彼身何有唯盛惡露諸不淨種以釋其意

经》，阿难曾问佛："佛灭度后，诸女人辈，若来受诲，当如何？"佛告阿难，不要与她相见。阿难又问："若与相见当如何？"佛说不可与她谈话。阿难再问："若与告语者当如何？"佛答要好好观想你自己的心！那么如何去观想？应观女色是身恶，共语是口恶，邪思是意恶，身口意都不能放逸。

经文继续说："想其老者如母，长者如姊，少者如妹，稚者如子，生度脱心，息灭恶念。"假使见到年纪大的女人，应作自己的母亲来看待；见到同辈，好像见到姐姐一样；见到年纪小的，看作自己的小辈。反过来说，女众对年纪大的男众，应作父亲或哥哥想，年纪比自己小的作弟弟想。与此同时，还要应运生慈悲心，要度化他们，不论男或女，不起分别心，用这方法去熄灭诸恶念。

有没有想过，在我们居住的世界，只有男没有女，又或只有女没有男呢？不可能吧！所以在日常生活中，人人都有机会接触异性，如何能避免日久生情，生染着心？当然，男女不要太接近是一种方法，真的要共事一处时，就要常存正念，令邪念不起，这样可以自利；又常以慈心，劝其修道，方便利他。尤其是比丘尼，更要慎重。在男众当中，女众有这么多动作，就不好了，所以要用以上的方法来观想，不好的念头，会渐渐消失。有智慧的人，常常观察身体这个四大，不过由因缘和合而生，根本就没有一法可得。这个身体又很脆弱，很不究竟，女色是不值得去爱上的。用不净观来观想，我们这个身体所有都不净，自己不净，他方不净，自他都不净,就不会生起那么多欲念和妄想了。

叮咛语:

勿见女色,亦莫共言语,是为了杜绝一切有关女色的念头,因为不是圣人,所以防微杜渐非常重要。为什么要男女授受不亲?为什么要非礼勿视、非礼勿听、非礼勿动?就是为了断绝一切能引起色欲的外境,心自然清静得多,这是一个戒色欲的先决条件。当然还要正心思维。

佛

第三十章 欲火远离

"佛言：夫为道者，如被干草，火来须避。道人见欲，必当远之。"

上章讲正视女色，虽遇妇女，决不染著。这章重申情欲多害，须当远离。佛用干草比喻修道人，情欲犹如烈火，干草近烈火，一触即发，并且一发不可收拾，所以对星星之火，也要回避。

"佛言：夫为道者，如被干草，火来须避。"佛说修道的人，无论出家或在家，都要收摄六根，远离诸欲。干草比喻六根，火喻六尘一切境界。凡夫对外境，如眼见色，耳闻声，六根接触六尘，起贪瞋痴，心被污染，尤其是在情欲方面，能把人迷得醉生梦死，就像干草近猛火，触火即烧。佛陀特别强调男女之间的情欲，最容易被染著，障道最深，就是情欲，必须回避。难怪佛陀一再教诫："道人见欲，必当远之。"修道的人，对于情欲，应当远离。于第二十八章，已经说得很清楚，还没有证阿罗汉果，见思二惑未断尽，对世间的情欲，还是未尽断除。因为心对着境时，不能空掉，所以说，在未修到心境两空之时，必须要远离情欲，要

佛言人為道去情欲當如草見大火來已却道人見愛欲必當遠之

避免它染污，因为把握不住自己的心猿意马，只好与诱惑背道而驰。

什么是心境两空呢？守护六根，不被六尘所缚，观察起心动念，这虚妄分别心不可得，一切境也自然不生，如是心境双亡，悟入平等法性。唐代的诗人白居易，曾任杭州太守，当时有位道林禅师，九岁出家，遍参南北名师，后在秦望山的松树上做了一个安乐窝，住在其中几十年如一日，"鸟窠禅师"之名由此而得。很多人慕名而来，白居易也去拜会，问禅师说："你在树上居住，不危险吗？"道林禅师竟然回答："太守比我更危险啊！"白居易不明白，又问其意："弟子位镇江山，何险之有？"禅师慈悲，为他开示："薪火相交，识情不止，非险而何？"禅师说的"薪火"，亦即与佛陀在这里所说的"草火"一样。道林禅师指白居易，身任高官，无时无刻，都有草遇火的危机，反而禅师住在树上，不及为高官者的危险！当官者好比男女之间的情欲，若恣情不止，非常危险。为官纵欲，可以身败名裂，可以累及家眷，更可以染病身亡。这是对白居易，敲响了警钟，提醒他要悬崖勒马。修行者亦然，应洁身自爱，面临欲境，当迅速远离，否则今生的修行，又要付之一炬，可惜又可怜。

第三十章 欲火远离

叮咛语：

古人一直强调"男女有别"，是有很深的道理。男女之间一定要保持适当距离，再亲近的人，也不可以逾越这个界限。因为它的后遗症非常严重，甚至惨绝人寰。干草近猛火，烧死的都是自己的亲人，社会上发生过很多这种状况，可以说到处都是，值得世人警戒。

佛言人有患婬情不止踞斧刃上以自除其陰佛謂之曰若斷陰不如斷心、為功曹若止切曹從者都息邪心不止斷陰何益斯須即死佛言世俗倒見如斯癡人有婬童女與彼男誓至期不來而自悔曰欲吾知尔本 意以思想生 吾不思想尔 即尔而不生佛行道聞之謂沙門曰記之此迦葉佛偈流在俗間

第三十一章 心寂欲除

"佛言：有人患淫不止，欲自断阴。佛谓之曰，若断其阴，不如断心。心如功曹，功曹若止，从者都息。邪心不止，断阴何益。佛为说偈：欲生于汝意，意以思想生，二心各寂静，非色亦非行。佛言：此偈是迦叶佛说。"

上章劝导修行者要远离色欲，此章说明，若要断绝色欲的根本，必须从心做起，而不是从身上去断。有以下一个典故："佛言：有人患淫不止，欲自断阴。"有人淫欲太甚，不能自拔，于是要自断阴器。人家有所听闻，以前皇宫里的太监，入宫前先被阉割，因为皇帝不放心，怕他们与皇后、王妃、宫女等有染，认为这样做便没有淫事发生了。"佛谓之曰，若断其阴，不如断心。"佛对弟子们说，若把男根割掉，倒不如把你们的妄想割断，淫欲之念不起，身体不会去做。其实身体行淫，都是由心而起。太监虽然被废掉男根，但还有行淫之念，倘若连念头都没有了，才是究竟，故说断阴不如断心。我们这颗心，扮演的是什么角色呢？"心如功曹"，功曹在汉朝时是一个官职，如现在的部门总管、参谋长，或警察局长等领导级人物。意思是说，我们这个心是指挥官，时刻在统领着我们的身体行为，思想一动，其他的行为，马上跟随着。

"功曹若止，从者都息。"假使总部下禁令，下面的属官便不会有所行动了。所谓淫缘、淫法、淫具等，皆因淫心而起。"邪心不止，断阴何益。"这邪恶之心若不能止息，就算把男根断了，又有何用？都是思想首先制造淫缘，便行淫法，令淫具起作用罢了。

"佛为说偈，欲生于汝意，意以思想生，二心各寂静，非色亦非行。"佛继续说此偈，显而易见，淫欲的根本不在于身体或行为，可以割掉淫具，可以戒止淫行，但其根本的无明烦恼，一念未断，依旧会死灰复燃。所以佛才说，淫欲的念头从意生。意是心王，万法之主，意从思想生，想取相为心所，可见万法唯心。楞严会上，佛陀曾问阿难，心在何处？阿难认为心在身内、在身外、在眼根、在明暗之间、在随合随有处、在中间、在无著处等。再者，这个心是从自己生的，或从对方生起，或共同生起，或是无因生起，或是在过去、现在、未来呢？如是推想，无有是处，都是妄心在作祟，不能追随。要待心王与心所这二种心都平静下来，再没有邪知邪见，淫欲之心自然回归寂静。这时候再也没有男女相可得，也没有男女的行为，做到连欲念的思想都没有了。

"佛言：此偈是迦叶佛说。"佛陀重申此偈是迦叶佛所说的，以作证明。迦叶佛是过去七佛之一，在释迦牟尼佛以前，还有毗婆尸佛、尸弃佛、毗舍浮佛、拘留孙佛、俱那含牟尼佛。迦叶佛是第六位佛，于人寿有二万岁时出世。佛佛相授，把这个调心的方便法门，传至贤劫出世的释迦牟尼佛，阐明断欲去爱，首先要从心做起，因为心有思想取相，会发动身体行为，若把总机关上，属官自然动弹不得。《大乘起信论》云："心生则种种法生，心灭则种种法灭。"所以，当观一切色，如镜中像，观一切行，如梦幻泡沫，都不是真实的。诸佛都是这样来观想，用这个调心方法。当知成道秘要，就在调心，心寂意静，方可得道。

叮咛语：

欲念来自人的内心思想、念头，有了思想，就会采取行动，拼命去追寻，这是思想的作用。以现代人来讲，思想与我们的大脑有很密切的关系，因为大脑会推动一切行为。换句话说，只要我们能够控制自己的思想，自然就不会堕落在淫欲当中。我们要经常打坐、诵经、礼佛，心存正念，男女的妄想，自然慢慢减少、慢慢淡化。

大雄寶殿

佛教参修振興

佛言人從愛欲生憂從憂生畏無愛即無憂不憂即無畏

第三十二章 我空怖灭

"佛言,人从爱欲生忧,从忧生怖。若离于爱,何忧何怖。"

上章说学道要断欲,断欲必须从心断。本章的道理简单易明,短短四句,就把要理说得一清二楚。但实行起来,并不容易,人有怖畏心,因为有忧惧,忧惧从何来?因为有爱欲。若肯断爱欲,一切都得解决。

人的一生,忧惧与怖畏的事情很多,数也数不尽。孩童时期怕养不大,求学时期怕读书跟不上,出来社会做事,担心事业无成,一旦有点名利,又怕生病,寿命太短,无人接班,自己面对生离死别时,最害怕的,当然就是死亡,死后会否升天,会否堕地狱?忧惧怖畏的根源,其实就在爱欲两个字。所以"佛言:人从爱欲生忧,从忧生怖。"我们一生,不惜代价去追求欲望,这些有漏的乐是无常的,可以是非常短暂。说实话,欲望是痛苦的因,追求欲望的乐其实是在追求痛苦。用它来捆绑自己,产生种种恐怖心境,但又不肯丢掉它,其结果就是痛苦与失落。这样去追,值得吗?

解决的办法,就如佛陀所说:"若离于爱,何忧何怖。"如果离开爱欲,就能离开忧怖。我们既已明白,由四大和合而成的身体,是一个虚假现象,来时一无所有,去时什么也带不走,哪里有个我?如是观察六尘缘影,也是空的。凡夫有种种贪爱与欲望,不论是关于衣食住行、男女妻子、钱财权势,都要去爱,以为爱是甜蜜的,可惜生变化时,就非常痛苦。因为害怕失去自己所拥有的东西,更要把它执著不放,这是贪恋。它带给我们一种患得患失的心情,就是忧愁。最后从忧而生出种种心灵上的怖畏。放不下执著,始终令人活得不自在。所以说,当生贪爱之念时,必须着力观照,可用四念处来对治:观身不净,观受是苦,观法无我,观行无常。因为无我,过去现在未来心,一一了不可得。这样去观察,渐渐淡泊爱欲,远离爱欲,自然就没有忧愁与恐惧!能够看破爱欲,放下爱欲,是一个重要课题,令修行者更上一层楼,我们要严肃正视之。

叮咛语:

此段经文谈到贪恋生爱,失爱生忧,忧来乐去,苦至怖生,为人之心理。如离爱欲,则忧怖何有?必须勤习世尊正法,勇猛精进,远离忧怖,才能迈入梵行之旅。

第三十三章 精进破魔

"佛言:夫为道者,譬如一人与万人战。挂铠出门,意或怯弱,或半路而退,或格斗而死,或得胜而还。沙门学道,应当坚持其心,精进勇锐,不畏前境,破灭众魔,而得道果。"

佛陀已为我们说了许多法门,为何尚未见道?问题在于爱欲实在是太强烈了,产生种种忧悲苦恼,颠倒梦想。那么,怎样才能远离爱欲,断除忧悲苦恼?答案就在本章,必须精进修道,以正法来对治魔障。

"佛言:夫为道者,譬如一人与万人战。"佛作一譬喻来说明,修道之人,就好像一人对着万人作战。虽然专心学道,但要对抗的事何其多!有无始以来无量无边的无明习性,又有当下七情六欲的种种杂念,还有未来的冀望与妄想,都是魔军、敌人。能不能孤军作战,打退所有敌人,就要看你作战的精神、勇气及智慧了。否则就如螳臂挡车,如下一段所说,终必失败。

"挂铠出门,意或怯弱,或半路而退,或格斗而死",出门作战,虽然已披甲上阵,意志不坚定者,未达战场,或还未开战,已佛言人為道譬如一人與萬人戰被甲操兵出門欲戰意怯膽弱乃自退走或半道還或格鬭而兖或得大勝還國高遷夫人能牢持其心精銳進行不惑於流俗狂愚之言者欲滅惡盡必得道矣

第三十三章 精进破魔

在打退堂鼓，半途而退。比喻修道人，受持三皈五戒，乃至圆顶出家，披着袈裟上战场，准备与敌人作一生死战。可惜内心被以往生生世世的习气、外面境界的种种引诱，经不起考验，道心不坚定，时间长了，觉得修行没有意思，不想继续而退。亦有发心出家者，受不了戒律的约束，缺乏定力，中途而退。还有些人，他们不畏强敌，日以继夜，勇猛作战，可惜敌人比自己强，结果阵亡沙场，未及证道，早已一命呜呼！

幸好有些战士，"或得胜而还"，能从战场凯旋荣归。他们依教奉行，把习气改正过来。恭喜你，学道有成了，说来容易，要改造虚妄习气，必须要有定力和决心。所谓江山易改，本性难移，先天的恶习，加上后天几十年的习气、家庭环境和教育，养成的习惯，实在难改，一接触境界，老毛病又要发作，这就是习气。一定要知道自己的毛病，才能有办法对治，好比房子里有小偷，一定要知道小偷在哪里，才有方向去对付他，否则随处乱跑，怎会捉到小偷？对付习气亦如是。"沙门学道，应当坚持其心，精进勇锐，不畏前境。"出家学道者，应当勤修戒定慧，息灭贪瞋痴，志愿坚固，勇猛精进。何谓精进？精是不杂，进为不退。有偈云："散乱持名大有功，犹如乱世出英雄，不怕盗贼千千万，只要将君愿力冲。""乱世"代表无始的习气和妄想，"英雄"指我们的正念。对抗千军万马，要有保持正念的方法，令你临危不乱，就算生起妄念，也能及时醒觉。有个很好的方法，就是常念"阿弥陀佛"。烦恼时，念"阿弥陀佛"；快乐时，也念"阿弥陀佛"；有病痛时，一句"阿弥陀佛"；健康时，也是一句"阿弥陀佛"……总之，不论顺逆境界，不要忘记阿弥陀佛。人心虽然散乱，只要常念"阿弥陀佛"，乱心也能达到一心，这就是乱世出英雄。因为念念当中，都在提醒自己，要和敌人作战，以戒发出定力，由定生慧，再用智慧来看守着自己的起心动念。

"破灭众魔，而得道果。"魔最障碍道业，不论死魔、五蕴魔、烦恼魔，都是自己心内之魔。天魔则属于外魔。死魔指修行未成，寿命已终。五蕴魔指色、受、想、行、识积聚而成的身体，去造恶业，流落生死，夺取我们的法身慧命，破坏我们的功德法财。我们要特别小心，千万不要把魔错认作佛。降伏心魔，首先培福，一心一意为三宝、为常住做事，从中不忘用功办道。以上三种魔都是我们内心不平衡所产生的。至于外魔，如欲界第六天的魔王，能害人善事，作种种扰乱，令修行者不得成就无上菩提。也有人事方面，拖人后腿，来作扰乱，妨碍办道。若能战胜这些内外魔，取得胜利，你便是有功之臣，战胜回乡。有谓："只要功夫深，铁杵磨成针。"有赖定慧之力，破诸魔障，得证道果。

第三十三章 精进破魔

叮咛语：

不单修行会遇到魔，在我们的现实生活中，也会遇到魔。例如不好好读书，朋友拉你去吸毒，你又从之；不好好持家，朋友拉你去打麻将，你又日日夜夜地打，在修"麻将经"。这些都是你生活中的魔，让你不能好好地过活。是故要看好念头，洁身自爱。

有沙門夜誦経其聲悲緊欲思退悔佛呼沙門問之汝昔于家將何脩為對曰常彈琴佛言弦緩何如曰不鳴矣弦急何如曰聲絕矣急緩得中何如曰諸音普調佛告沙門學道猶然執心調適道可得矣

第三十四章 适中得道

"沙门夜诵迦叶佛遗教经,其声悲紧,思悔欲退。佛问之曰:汝昔在家,曾为何业?对曰:爱弹琴。佛言:弦缓如何?对曰:不鸣矣。弦急如何?对曰:声绝矣。急缓得中如何?对曰:诸音普矣。佛言:沙门学道亦然,心若调适,道可得矣。于道若暴,暴即身疲。其身若疲,意即生恼。意若生恼,行即退矣。其行既退,罪必加矣。但清净安乐,道不失矣。"

上章说破魔障之道,在勤修三无漏学,怕行者得闻"精进"二字,操之过急,身心紧张,成为压力,生反效果,就是退却之心。所以在这一章,佛陀以琴弦为喻,说明修行要不著二边,取其中道。

事情缘于有一沙门,"夜诵迦叶佛遗教经,其声悲紧"。迦叶佛,在第三十一章已提过,是过去七佛的第六位,也是释迦牟尼佛前世之师。遗教是佛最后的叮嘱,目的是要把佛陀的智慧与教导、圆满人生的精神留下来,勿使忘失。所说的比丘非常精进用功,不分昼夜,背诵《迦叶佛遗教经》,从他诵经的音声,流露着一种非常悲痛紧迫的情愫,令人"思悔欲退"。因为过分急进,欲速则不达,产生悔意,觉得佛道长远,修行难成,心生烦恼,起退却心。时有听闻,初发心出家容易,大殿柱也被视为佛;能发久远心者难,时间长了,佛都变成大殿柱。佛陀听到比丘诵经的声音这么悲切,有急进之患,于是透过一连串的问答,用琴弦来显示修行的中道。

"佛问之曰:汝昔在家,曾为何业?对曰:爱弹琴。佛言:弦缓如何?对曰:不鸣矣。弦急如何?对曰:声绝矣。急缓得中如何?对曰:诸音普矣。"

佛首先问:"你以前在家从事什么工作?"

比丘答道:"喜欢弹琴。"(喻向往修行。)

佛又问:"你懂得弹琴,琴弦太松,会怎样?"

比丘答:"琴发不出声了。"(比喻懈怠,如何修行!)

佛再问:"弦若太紧,怎样呢?"

比丘答:"也没有声音,弹琴时弦就会断掉。"(比喻过分急进,也不能修成功。)

最后佛问:"不松不紧又如何?"

比丘回答:"这样弹出来的琴音悦耳动听,可以普及大众,令人回味无穷。"

"佛言:沙门学道亦然,心若调适,道可得矣。于道若暴,暴即身疲。"佛继续说,出家修行亦如是。琴弦必须不松不紧,才能奏出美妙音色,修行要懂得如何调伏身心,不急进,不懈怠,懂得收放，就是不躁不懈，即时与道相应。有些人发心精进是好的，可惜没有智慧，不发久远心，好像吃了三块豆腐，马上便去到西天，是不可能的！也有另一种人，就是懈怠，得过且过，这两者都是极端，修道要圆融。智者大师说，修行须调五事，调就好像做面包，水和面粉要恰到好处，不然，做不成面包。五事包括：身，不急不宽；息，不涩不滑；心，不沉不浮；饮食，不饱不饥；睡觉，不节不恣，去掉两边就是中道，也是儒家所讲的中庸之道。这样，不论出家在家，都能心安，心安则道隆。修行一定要把这个心安定下来，不让它背道而驰。

再说，"其身若疲，意即生恼。意若生恼，行即退矣。"心过于急进，容易疲倦，力不从心。体力不支时，心生烦恼，精神得不到充实，久而久之，自然对修行产生退心。"其行既退，罪必加矣。"若然退失了道心，一举一动，随波逐流，不会再用戒律来约束自己，则身口意过患日多，罪业必定加重。不少修道人，都是犯了过缓过急的毛病。过急者，他们充满热诚，整天整夜念经咒，不眠不食，而不自量，把身体搞垮。另一类人，有始无终，一曝十寒，不能持久，结果道心退却。也有些人，修行过缓，终日提不起劲，虚度光阴。无论是过急或过缓，这两者都不可取。

最后佛说："但清净安乐，道不失矣。"以上两句是修道的重心：只要你能自净己意，不缓不急，既不暴躁，也不懈怠，便不会失去道心、道法和道业，将来定能得道，安乐自在。善调身心，缓急适中，方是真精进也。

叮咛语：

佛陀的教导，不单是于修行上，在日常生活上，也大有意义。处世急功必有失，处事急进必易败，所谓君子之交淡如水，人情如太急，也令人受不了。所以不缓不急，是最好的做人态度。

第三十五章 去染即净

"佛言：如人锻铁，去滓成器，器即精好。学道之人，去心垢染，行即清净矣。"

上章说修行应用中道，使得成就。这章说去心内垢，方得清净。有这样一个比喻，"佛言：如人锻铁，去滓成器"。修道如同炼铁，一定要把铁内的渣滓去掉，才能造出纯净的器皿来。锻铁又如金矿炼金，必须在熔炉里炼，把金全部融化了，才可以将杂质、不干净的东西清除得一干二净，"器即精好"。这时，不论造任何金饰，都会纯正、精致美观。

"学道之人，去心垢染，行即清净矣。"我们修道，如锻铁一样，下手之处，就是先把心里污染的东西除去。这染污心是修道人最大的障碍，主要针对着人对五欲，尤其是色欲的贪爱，其他还有贪瞋痴慢疑等毒素。从见思惑所生的烦恼障，尘沙无明惑所起的所知障，乃至一切习气，都严重地污染着我们的心，令我们背觉合尘，没法进步。修行不须向外求，只要把内里杂质统统除掉，心清净，行即清净。有什么好办法，可以对治心中的烦恼

佛言夫人為道所由鍛鐵漸深弃去垢成器必好學道以漸深去心垢精進就道異即身疲身疲即意悩悩即行退退即獲罪

习气,令心安道隆?善导大师说:"唯有径路修行,但念阿弥陀佛。"现代人为了生活,都很忙碌,念佛最为契机。明朝湖南有位黄打铁,顾名思义,他以打铁为生,但打铁很辛苦,很沉闷,觉得人生太劳累了。一日有一位和尚路过,黄请教师父,如何是好?和尚说:"有一念佛法门,于忙碌中照样可以修行。你每打一下铁,念一声佛号;抽一下风箱,又念一声佛号,不要间断,长此下去,以念南无阿弥陀佛,为修行的方便法门,他日临命终时,必定往生西方极乐世界。"黄打铁遂依僧教,一面打铁,一面念佛,不但不觉得疲劳,反而轻松自在得多。如是过了三年,有一天他跟太太说:"我明天要回家去了。"他太太说:"家就在这里,回哪个家呀?"他说:"西方极乐世界是我家。"第二天,沐浴更衣,在火炉边照常打铁念佛号,没多久,说偈曰:"叮叮当当,久炼成钢,太平将近,我往西方。"默言立化。当时异香满室,天乐鸣空,远近闻见,无不感化。

所以说,无论做任何工作,扫地也好、煮饭洗碗也好,都可以念阿弥陀佛,不一定用嘴去念,心念也可以,一念相应一念佛,念念相应念念佛,心佛一体,直下承担,当体即是。佛教的精神,全在明心见性,人人都可以成佛。但是,成佛之前,我们要努力改善自己,下一番苦功。所谓去掉渣滓才能成器,降伏心中所有烦恼习气,就是返本还原,即得清净。

叮咛语：

"如人锻铁，去滓成器，器即精好。"太多杂质，就不成精器了。各位，在你的人生中，心境里又有没有太多杂质呢？如果有，要赶快去掉，杂质障碍我们成长，当然也障碍我们迈向美好丰盛的人生。

南無阿彌陀佛

佛言夫人離三惡道得為人難既得為人去女即男難即得為男六情完具難六情已具生中國難既生中國值奉佛道難既奉佛道值有道之君難生菩薩家難既生菩薩家以心信三尊值佛世難

第三十六章 举难再劝

"佛言:人离恶道,得为人难。既得为人,去女即男难。既得为男,六根完具难。六根既具,生中国难。既生中国,值佛世难。既值佛世,遇道者难。既得遇道,兴信心难。既兴信心,发菩提心难。既发菩提心,无修无证难。"

在第十二章,佛用二十件难事,来教诫弟子,若发大菩提心,虽难也易。这章再用九难来勉励学佛人,机不可失。

"佛言:人离恶道,得为人难。"恶道即地狱、饿鬼、畜生三恶道。来一趟人间做人,是相当难的一件事。其实有没有想过,人间也有恶道,看看医院的病人就知晓,还有看不见的精神创伤,令身心交迫,如置身三恶道中。假使我等凡夫,未断贪瞋痴三毒,造诸恶业,虽得人身,实与畜生饿鬼地狱没有分别。所以说,有幸生于人道,要珍惜人身,诸恶莫作,众善奉行,做个真实人。

"既得为人,去女即男难。"佛经有谓:得人身如掌上土,失人身如大地土。身体是修行的本钱,人道是最好修行的地方,畜生当然是没有修行的机会,即使你福报大,生于天道,但不肯修行,福尽终必堕落。是故既得人身，第二个难关，是去女成男难。在生理方面，女性的痛苦比男性多，佛经中说："女人有五漏之体，男人有七宝藏身。"作为女性，亦不用气馁。《大涅槃经》云："不问男女，若知佛性，虽女即男，不知佛性，虽男即女。"由此说明，在修行途中，男女差别，不在肉体，而在觉悟，只有大丈夫，才能承担如来家业。"既得为男，六根完具难。"即使侥幸得到男身，五官、四肢和心灵都健全吗？因为如果有些微缺陷，都是痛苦事，所以又是一难。"六根既具，生中国难。"假使是一个六根健全人，生中国也是难呀！在娑婆世界，也要不生在恶国或边地，常住于国泰民安、衣食丰足、气候宜人、没有战火之处，并不容易。边地者，有耳听不到佛法，有眼看不见三宝，没有仁义道德，不信因果，虽六根具足，又有何用，只会堕落。

"既生中国，值佛世难。"既能生于中国，非蛮夷之边地，又值佛在世，难不难？有偈云："佛在世时我沉沦，今得人身佛灭度，悔恨此身多业障，不见如来真色身。"我等生于佛灭后的五浊恶世，能依止谁，跟何人修道呢？大家不用失望，《大宝积经》云："若于众生，见我色身，而不护其戒，有何所得？如提婆达多，虽遇于我，犹堕地狱。"虽生佛世，邪知邪见，不肯如律修行，就如提婆达多，造了这么多恶业，便是堕落。我们虽生佛后，能根据佛陀遗教，可以依法宝去学习，以戒为师，念佛求生净土，做个真正佛弟子，就是天天和佛在一起，也就是值佛世矣！"既值佛世，遇道者难。"遇道，就是遇到善知识。所谓欲问灵山路，须问过来人。善知识走过的路，给你指点一下，直截了当，不会走歪曲，方便得多。再者"既得遇道，兴信心难。"纵使得遇善知识，他的语默动静，都是为你说法，能领会而生信心、肯听肯学的人，又有多少呢？"既兴信心，发菩提心难。"更难之事，就是发菩提心。菩提心翻译为"正等正觉心"，又名道心、菩萨心、直心，也就是正确的心。我们修行，业障重重，要道心坚固，并不容易，何况要上求佛道，下化众生，真是不可以少善根福德因缘啊。"既发菩提心，无修无证难。"最后要达到修无所修，证无所证之境地，就是最难了。佛陀出世一大事因缘，就是为了启发一切众生的菩提心，这个本自具足、无修无证之性德，能够达到这不生不灭之理，是最上乘，是无修无证的道人。

以上讨论了九个难关，一关比一关难，最后一关，就是极难。打破前头四个关，所得到的是世间之果，后面五个关，是劝勉大家去修因，以期达到出世间之果，为我们学佛的最终目标。

叮咛语：

这里谈遇佛、学佛的因缘是多么稀有难得：

得人身已经很难，闻法更难，纵可闻法，但生信心难，纵有信心，要生菩提心难，既发菩提心，但真修者又有几何？能证者又有多少个？故大家要好好珍惜才是，不要错过机缘。

第三十七章 念戒近道

"佛言：佛子离吾数千里，忆念吾戒，必得道果，在吾左右，虽常见吾，不顺吾戒，终不得道。"

上章开导值佛遇道难，于佛灭后，怕后人误会，以为必须时刻亲近佛身旁，才可以开悟证果。所以佛要在此章说明，持戒是入道的基础。悟道与否，应以持戒的严谨否来决定离佛有多远。看看佛以下的一段开示，必然了解持戒之得与破戒之失。

"佛言：佛子离吾数千里，忆念吾戒，必得道果。"有些佛弟子，他们虽然适逢佛在世而生，在空间上来说，也有可能离佛十万八千里；又有些佛弟子，在时间上，可能生于佛前或佛后，得不到佛陀亲自教诲，觉得离佛很远，不能学佛，是一大遗憾。佛鼓励他们，要以戒为师，只要不忘佛制的戒律，依教奉行，学戒、持戒，为人作模范，必定能证道得果，无论离佛有多远，佛常在你身边。如果不能依照佛的戒律去修行，"在吾左右，虽常见吾，不顺吾戒，终不得道。"虽然天天与佛会面，但是你没有依戒律去做，始终不能证道得果。《佛遗教经》说："汝等比丘，于我灭后，当尊重珍敬波罗提木叉,如暗遇明,贫人得宝,当知此则是汝等大师,若我住世,无异此也。"波罗提木叉就是戒,要尊敬珍重。因为戒就是老师,有防非止恶的作用,四众弟子,若能持戒,就如同佛住世一样。《僧伽律》有如下记载:

佛在世时,波罗奈国有两位比丘,相约到舍卫城,见佛陀,礼佛足。途中口渴,甲比丘看见前面有一井,马上跑去汲水饮用,乙比丘看见水中有虫,不敢饮用。

甲比丘说:"为何不饮水?"

乙比丘答:"佛陀制戒,不可饮有虫的水。"

甲比丘说:"饮吧!不喝就会渴死,死后便无法见到佛陀了。"

乙比丘答:"我宁愿渴死也不要破戒。"

乙比丘终于因缺水而死,因为他严持戒律,生忉利天,天人迎接,即到佛所,礼佛闻法,得法眼净。甲比丘饮水后,得保性命,终于也到达佛所。

佛陀知而故问:"你从哪里来,与谁同行?"

甲比丘如实禀告。

佛陀呵斥他说:"你这个愚痴人,不好好守戒,现在虽然见到我,犹如未见。乙比丘,他严守佛戒,已先见我,并证果位。"

由此可见,佛子贵在持戒守律,根据佛陀的指示,心近则近,心远则远,非循形迹。我等为佛弟子,处此末法,为使佛法兴,必须谨遵戒律,守护戒体,多念佛拜佛,以求福慧双增。

叮咛语：

戒是一种规范，持戒不单是修行人的必修课，也是人人的必修课，做人有规范，才不会行差踏错。戒喻交通灯，有交通灯的规范，就可以减少交通意外，持戒有这样的作用，所以我们要遵守规则，才能安全自在。

第三十八章 无常迅速

"佛问沙门：人命在几间？对曰：数日间。佛言：子未知道。复问一沙门：人命在几间？对曰：饭食间。佛言：子未知道。复问一沙门：人命在几间？对曰：呼吸间。佛言：善哉，子知道矣。"

上章佛陀讲了很多修行法门，此章以人命无常来警诫大众，时不待我，希望大家能够精进修道，并特意提出一个简单问题，来测试大众对寿命的认识。

佛问比丘："人命在几间？"有一比丘"对曰：数日间。"佛对比丘说："子未知道。"因为一般人喜欢沉迷于吃喝玩乐，所谓醉生梦死，还未到死字临头，根本不会去关心自己的生命，认定死亡或意外，都不会发生在自己身上。每日如是，早上起床上班，晚上回家睡觉。关于人的一期生命有多长这个问题，尚未有答案。于是佛继续问，另一位比丘"对曰：饭食间。"这位比丘的观察力，比前者稍胜一筹，把时间缩短了，大概在吃一顿饭的时间。"佛言：子未知道。"你尚未明白。如是再问，人命有多长？第三位比丘"对曰：

佛問諸沙門人命在幾間對曰在數日間佛言子未能為道復問一沙門人命在幾間對曰在飯食間去子未知道復問一沙門人命在幾間對曰在呼吸間佛言善哉子可謂為道者矣

呼吸间。"佛加以赞许说:"善哉,子知道矣。"太好了,你终于明白,人命在呼吸间。在非常短促的时间里,人可以失去生命。呼吸是这么重要,但是很少人去关心它。大家想想,一两天不吃饭、不饮水,人不会死去,但一息不来,这一期生命就完结了。

佛教的时间观,以"刹那"为单位,在一弹指之间,已含有六十个刹那。人的寿命就在一刹那间,要令世人容易理解,有用"一呼一吸"去形容生命究竟有多长。实际上,一口气呼出后,不能再吸入另一口气,就是一命呜呼,人的寿命是多么短暂呀!古德看寿命也如是,有谓:"一盏孤灯照夜台,上床脱了鞋和袜,三魂七魄随梦去,未知天明来不来。"所以孔子不接收过夜帖。我们要时刻警惕自己,修行真是刻不容缓,必须专心办道,不可放逸。要有志公禅师看戏的态度,台上之戏好看不好看,演员唱的好听不好听,看而不见,闻而不闻。出家人为了生死大事,哪有心思去看戏,只管一心专注在道业上。

叮咛语:

读完这一章,要马上改变我们对寿命的观念,趁现在身体壮健时,好好修行。力所能及,亦可多做善事。在家居士,做好自己的本份,能恭敬三宝,护持道场,都很有意义,能使生命有价值。作为一个佛弟子,大家要把有限的时间,发挥为无限的力量与作用。佛陀以人命无常此例子,劝导大众,不要浪费时光!

寒山

第三十九章 依教无差

"佛言:学佛道者,佛所言说,皆应信顺。譬如食蜜,中边皆甜,吾经亦尔。"

上一章教佛弟子要精进修学,时间不留人,不要浪费光阴。这一章文短言简,要旨在"信顺"二字,是佛陀再三教众佛弟子,无论大小乘、顿渐、权实之法,皆是佛陀根据众生的根器而演说的,所以切勿生轻重优劣分别之心。

要怎样去信顺呢?就如经文所说,"佛言:学佛道者,佛所言说,皆应信顺。"学佛的人,不论在家或出家,对佛所说的一切言教,都要相信不疑,随顺奉行。无论是藏、通、别、圆,或是大、小、偏、圆,种种法门,都应一心信受,莫起分别之心。现今佛门的宗派,比较普遍的有禅宗:教外别传,不立文字,明心见性。教宗又名唯识宗,转识成智,转八识(眼、耳、鼻、舌、身、意,末那及阿赖耶识)成四智(大圆镜智,平等性智,妙观察智,成所作智)。律宗以戒律为中心,束身摄心。密宗:身口意三密相应,即身成佛。净土宗:忆佛念佛,则花开见佛。其他还有华严宗、天台

佛言人為道猶若食蜜中邊皆甜吾經亦尔其義皆快行者得道矣

宗、三论宗、俱舍宗、成实宗等。不管是哪一宗、哪一派，都是佛亲口所演说的法门，是根据众生的需要，随机说法。好像医生，随病下药，应病人所需去用药，目的只有一个，就是要把病治好。佛陀说法也一样，有这么多法门，无非是令大家断烦恼，得自在。信顺非常重要，《华严经》云："信为道源功德母，长养一切诸善根。"信是修道人的基础，十方三世一切诸佛皆由此生。你如果没有信心，什么善根都长养不起来，岂能明心见性，花开见佛？佛门广大，唯信能入，只有相信的人，才能入佛道，得到无穷无尽的法益。

　　以下佛用一个比喻来加强我们的认识："譬如食蜜，中边皆甜。"修佛法如吃蜜糖，无论你把蜜糖放在碟中或碟边，都是一样清甜，不论你由碟边吃到中间或由中至边，从开始吃到结束，都是这个蜜糖，始终是一样的甜。佛法何尝不是！"吾经亦尔"，佛陀所说的一切经典亦如是，目的是要令众生超脱生死，成正等正觉，各经开合不同，所以不要起疑心。佛法离不开权实二法，权法用在度化众生，林林总总，都是权乘方便之法门，要旨在显实；实是我们本身具足的真如实性，权实不二。我们首先要信顺佛法之理，要看自己的根器，选择一门入手，持之以恒，默默耕耘，不问收获，当得成佛。

叮咛语：

净土法门以信、愿、行为根基，可见信心是第一个要点，对佛法生大信心，非常重要。若信心不坚定，一下子又退回来了，便一无是处。所以学佛首要因素，就是不能缺乏信心。做任何事，也是一样，如果没有信心，哪怕最容易的事，也难成功。

第四十章 行道在心

"佛言：沙门行道，无如磨牛。身虽行道，心道不行。心道若行，何用行道。"

上章教示学道要旨，贵在信顺。这章讲修行在心，不在形式，才不会徒劳无功。"佛言：沙门行道，无如磨牛。"出家者修行，绕佛礼塔经行时，不要像磨坊的拉磨牛。大家见过磨坊没有？以前的人，没有机器，磨粉或榨油，只好用石磨，把两大块石盘，合在一起，上盘有两孔，中穿一绳，系在牛颈上，来推动石磨。磨牛整日在磨坊里旋绕，身体没有自由，但心有妄念。出家修行，勿如磨牛。"身虽行道，心道不行。"虽已剃除须发，方袍圆顶，而心非出家，带着很多习气去修行，不论礼佛、念佛、诵经、打坐或听法，心不专一，总是在打妄想。心跑出去了，只顾外表，不在乎心，这不是在行心道。"心道若行，何用行道。"心若真正在学佛修道，不打妄想，口在念佛时，心也在念，身心统一，效果自然很大，很快便能见道。世事成功与否，皆在于心。学佛修道，乃出世之大事，虽有形式，更是受心之所托，以心为本体，形式为枝末。相反地说，若心不在道业上，仅注重外表的形象，看起来很老实、很精进，但一点内在精神也没有，这就像牛拉磨，终走不出磨坊。牛用的是蛮劲，不是用心，有时懈怠不走或到处乱跑，后边还须有人执鞭驱策！佛陀讲经说法，主要令我们领会佛法的精神，有了精神，才有行动，把精神发挥出去。不然人在这里，心如磨牛，所做之事，不是颠倒就是违反的，徒劳无益。所以，作为出家的佛弟子，要做到身体出家，心也要出家，即是身心俱出家。在家信众，要吃素、念佛、护持三宝。佛道从心起，以实际行动，体现佛法的精神，自然得大利益。

叮咛语：

这一段谈到真心的重要性，不要只求虚有其表。其实无论修行，或是在真实生活中，都不要欺天瞒地，但求衍过，马马虎虎，最后就是一事无成。

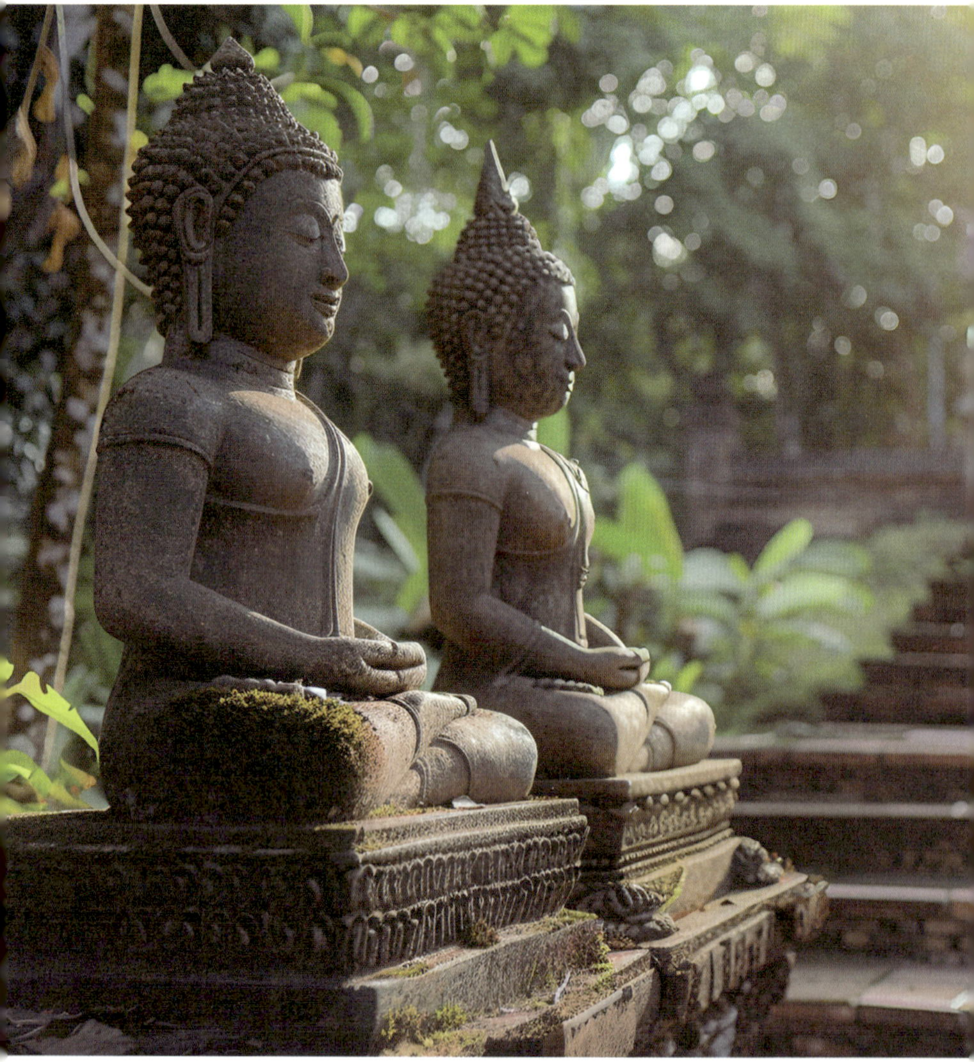

第四十一章 直心出欲

"佛言：夫为道者，如牛负重，行深泥中。疲极不敢左右顾视，出离淤泥，乃可苏息。沙门当观情欲，甚于淤泥。直心念道，可免苦矣。"

上章说修道不在形式，是在于心。有谓万法唯心，如何善用其心，这就是整个佛法的要旨。此章是《佛说四十二章经》里面，佛陀对大众最后的告诫，修行要远离一切情欲，我们必须从直心念道做起。

"佛言：夫为道者，如牛负重，行深泥中。"修道的人，任重道远，就好像一只牛，背负着很重的东西，走进深泥中。泥代表情欲，范围很广，可以是男女间的爱情，家庭里父母兄弟姐妹、乃至所有六亲眷属的亲情，还有外境友情的引诱，都是污泥，沾染性强，一经接触便胶在一起。污泥的深度，又没有底线，看你对情欲有多染著。不过它是无孔不入，修行办道的人，要格外小心，为生死大事。身负重任，道路坎坷，一不小心，便会越陷越深。正如经文所说，"疲极不敢左右顾视，出离淤泥，乃可苏息。"要对

佛言諸沙門行道當如牛負行深泥中疲極不敢左右顧趣欲離泥以自蘇息沙門視情欲甚於彼泥直心念道可免眾

第四十一章 直心出欲

付淤泥，那只牛当然疲倦不堪，也不敢东顾西望，要专心致志，努力走出这污秽淤泥，才敢稍微休息，令气喘定。牛在淤泥中是这个样子，修道人对情欲也应如是，为了摆脱情欲所带来生死之苦，为了荷担如来的家业，度众生离苦海，不论顺境逆境，也不敢放逸。正如我们现在结夏安居，天气这么热，师父们三衣不离身，而且里边一件加一件，穿了多少重衣服。五堂功课之外，还有礼佛、诵经等定课，都要精进用功，直心念道。大家还记得在第三十八章，志公禅师是怎样看戏吗？那就是"看而不见，闻而不闻"。梁武帝也有点不相信，于是禅师说：可叫牢狱一死囚出来，要他头上顶着一盆水去看戏，只要溢出一滴水，马上斩首，假如一滴水也没有溢出来，便无罪释放他。戏做完后，帝问死囚："戏好看不好看？"答："没看见。""好听不好听？"答："没有听到。"皇帝认为他欺君！死囚答："陛下，我一心专注着头上这盆水，在这生死关头，岂敢观听！"禅师的观点又如何呢？我们修行人也是一样，念念不忘生死事大，无常迅速，寿命在呼吸之间，要好好用功，远离情欲，绝对不敢松懈。

"沙门当观情欲，甚于淤泥。"对出家众来说，时刻要观察着情欲，因为他比淤泥更厉害。出家人，生活尽量简单，你要离生死，便要把所有生死的根本，包括男女淫欲、财、色、名、食、睡等，一条一条地斩断。"直心念道，可免苦矣。"娑婆世界太多苦了，我们要用直心，质直无歪曲，与佛道相应的平常心，来作思维，如何去修道，如何避开如牛陷入淤泥的痛苦。在这一章，佛说为了免掉身体的痛苦、心里的烦恼，一定要断情欲。脱苦的方法，就是直心念道。

讲到这里，正宗文已讲完，下面第四十二章，是最后一章，它是流通文，也是本经的总结。

叮咛语：

众生习气甚深，佛陀苦口婆心，屡次教诲，说情欲障道，所以在最后一章，也是要我们远离一切情欲，并劝以直心念道。直心就是平常心，端正刚直，坦白诚实，不诳不妄，不隐瞒过失，不自我欺骗。说一个人有"直心"，就等于说他不说谎，是个好人，有被赞赏的品德，是修道的基础，有迈向涅槃的素质。

第四十二章 一切如幻

"佛言：吾视王侯之位，如过隙尘。视金玉之宝，如瓦砾。视纨素之服，如敝帛。视大千世界，如一诃子。视阿耨池水，如涂足油。视方便门，如化宝聚。视无上乘，如梦金帛。视佛道，如眼前华。视禅定，如须弥柱。视涅槃，如昼夕寤。视倒正，如六龙舞。视平等，如一真地。视兴化，如四时木。诸大比丘，闻佛所说，欢喜奉行。"

在本经里面，佛陀用了很多比喻，令我们明白，学佛先要破除对爱欲、贪嗔痴等执著。我执既破，继破法执，对一切方法的执著也要舍掉。如《金刚经》所说："汝等比丘，知我说法如筏喻者，法尚应舍，何况非法。"又云："一切有为法，如梦幻泡影，如露亦如电，应作如是观。"要时常这样去观察，世间没有一件东西是真实的，没有一样东西是永恒的。在这最后一章流通义，佛陀把前面四十一章所讲的，用十三个例子，作了一次总归纳。佛陀的平等智慧，观察世间所有事物，都是那么透彻，若能打破我法二执，则成佛近矣。

佛言吾視王侯之位如塵隙視金玉之寶如瓦礫視紈素之
熒帛視大千世界如訶子視四禪水如塗足油視方便門如寶
筏聚視無上乘如夢金帛視佛道如眼前華視求禪定如
須彌柱視求涅槃如晝夜寤視倒正者如六龍舞視平等者
如一真地視興化如四時木

第四十二章 一切如幻

"**佛言：吾视王侯之位，如过隙尘。**"佛对王位，有如是看法：不论国王与诸侯，虽说有权统领一方，有荣华富贵，但也是三更一场梦。因为王位之兴废存亡，与窗隙之尘埃、白驹之过隙，有何异哉？都是转眼即逝。假使能活到一百岁，终归会死，执著尊贵与权势又有何用呢？

"**视金玉之宝，如瓦砾。**"人人都喜欢金银钻石，有贪著便会去追求。佛观财宝如瓦砾，财宝属于五家（水、火、贼、恶王及不肖子）所有。所谓万般带不去，唯有业随身。我们要重视的是自己所造的业，不是自己所拥有的财宝。所以在有生之年，多造善业，把金钱用到适当的地方，这样我们对财富不会患得患失，死后亦不会为后人带来麻烦。

"**视纨素之服，如敝帛。**"佛看高贵华丽白绸缎绢所做的衣服，如同破烂的粗棉衣一样。身体是个臭皮囊，包装里面都是种种不干净物。衣服是用来遮体，可是世俗人，往往舍本逐末，追求的是名牌。所以我们要有觉悟，名牌与否，不必太讲究，最重要是心灵美！曾经有一信众和我们到寺院朝拜，她用的袋子、穿的衣服都很名贵，寺院里的老鼠，晚上把她的袋咬了一个洞，她第二天看见时，非常心痛。所以说生活太奢华，会带来不少烦恼。

"**视大千界，如一诃子。**"佛眼看大千世界，如诃子一样细小。诃子是印度一种果树，细细的果实，可当药用。所谓大千世界，佛经中说，一个太阳系是一个小世界，一千个小世界合成一个小千世界，一千个小千世界合成一个中千世界，一千个中千世界合成一个大千世界。大千世界，在俗人的眼光，已是无穷无尽，但也可以说是唯心所造。譬如自己曾去过的地方，不论多远，都在一念中，当下一目了然。有云："芥子纳须弥"，世界虽大，我们的心念更大，心包太虚，一切唯心造呀。

"视阿耨池水，如涂足油。"阿耨池之水，是印度最大的一个水池，依佛的眼光，它只不过是一瓶涂足油而已，不足为道。

以上所举的五个例子，都是要大家明辨，俗人认为是大的东西，就好像卧在井底看天空的青蛙，所看到的，都被井口规范着，怎会看得远，看得宽。对这些渺小的事物，不要执著，不要太计较、太认真，一执著就被虚妄外相所迷住，不能放下，不能证到人空法空，不会成就道业。

"视方便门，如化宝聚。"佛所说八万四千法门，都是方便权乘之法，依此去修，都可以成佛。依佛眼观之，就是一种善巧方便，为实施权，为了度化众生，随机说法。又如治病，随病下药，这都是聚宝盆内的宝贝，并非真实。

"视无上乘，如梦金帛。"人人本具的佛性，不生不灭，本自具足，无修无证，不是从心外所求得的。所以说："圆满菩提，归无所得。"由此可见，所谓无上乘，也是梦中所看见的金银财宝，虚妄不实，并非究竟。

"视佛道，如眼前华。"佛法无边，博大精深，主要作用，是来解开众生的迷惑颠倒，令离妄归真，显出自己心中的佛性。佛道虽高，所有佛法，都是针对凡夫而说的，若然没有凡夫，便无佛道可言。所以佛眼观佛道也是空中花、水中月。那么，我们要如何看待一切法？只有四个字，就是"不要执著"。

"视禅定，如须弥柱。"须弥山又名妙高山，试观想一支妙高柱，插在大海里，这个庞然大物，经得起狂风骇浪，不会随波逐流。修禅定的人，要像须弥柱，对顺逆苦乐，不为所动，于一切烦恼境界，都能像须弥柱那么稳定，如如不动，修禅定功夫到家了。然而，以佛眼观之，禅定虽妙，也只不过是修行的一种方便法门罢了。

"视涅槃，如昼夕寤。"涅槃谓不生不灭，常乐我净，乃世出世间究竟快乐的境地。涅槃虽然殊胜，佛看涅槃就好像白天、晚间都醒着，没有睡觉似的。为什么呢？因为，涅槃是对生死而言，凡夫为无明所缠，长夜漫漫，迷而不觉，涅槃是智慧开发，并非生死之外，别有涅槃实法可得。我们人人心中都具有不生不灭涅槃之理，本来清净，只是被外境所染污，成为生死凡夫，只要去掉内心染污，本具的清净心就自然显现出来了，关键在于有没有认识自己。有谓："佛在灵山莫远求，灵山就在自心头，人人有个灵山塔，好向灵山塔下修。"学道贵在心，若不认识自己，心猿意马，到处乱跑，怎样去修行？你想把自己的行为改造过来，可用假观来处理自己思想上的不平衡，从心做起吧。

"视倒正，如六龙舞。"倒谓邪知邪见，迷惑颠倒，如不净为净、苦为乐、无常为常、无我为我。正谓正知正见，如观身不净、观受是苦，观行无常、观法无我及八正道等等。倒与正，如同手

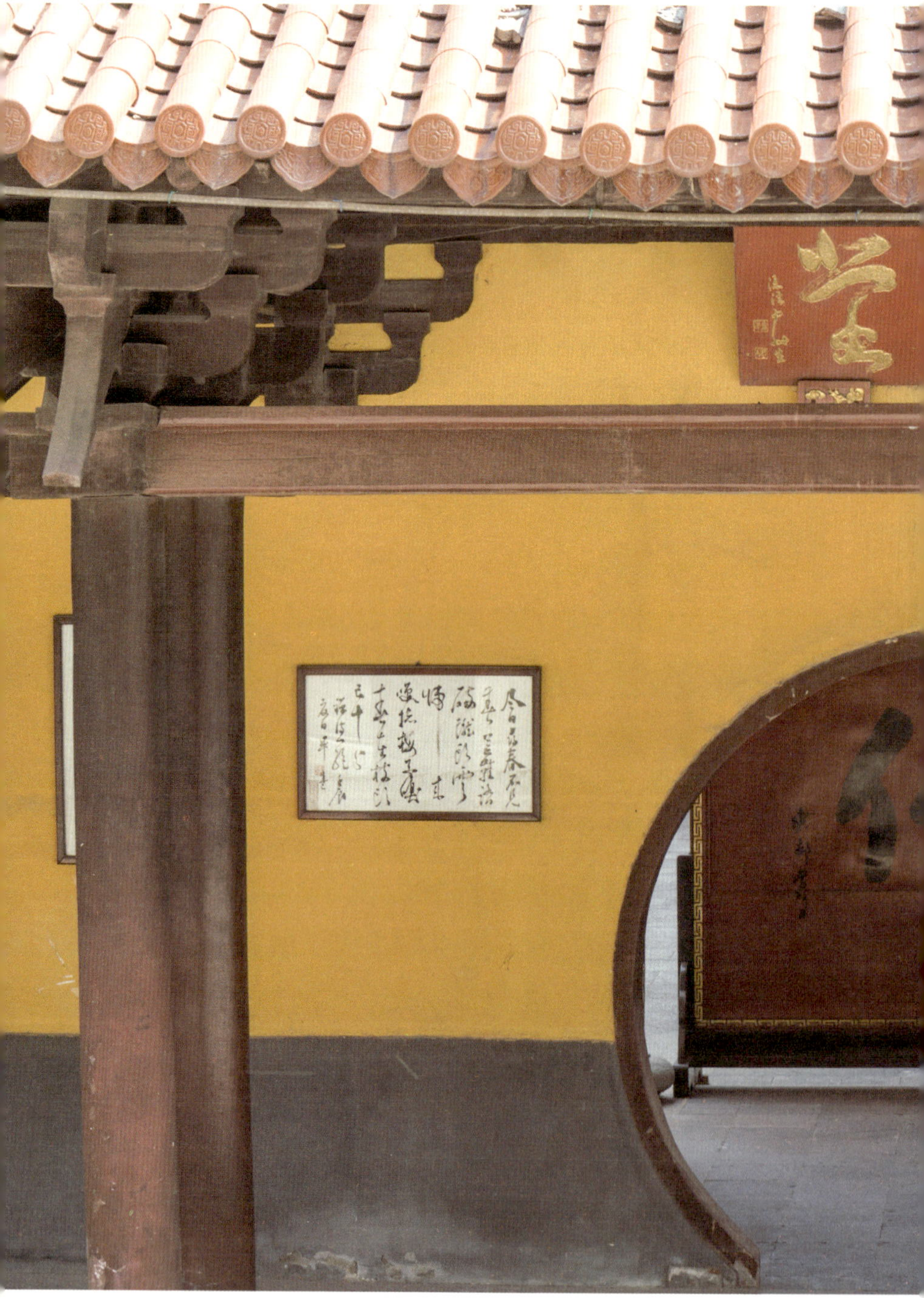

是非以不辯為解脫
語言以減少為直截
襟懷以無欲為有禮
煩惱以忍辱為菩提

有两面，可以是手心，也可以是手背，看你如何去反掌转方向。故如六龙之舞，换头换尾都是在做把戏，不是实法。

"视平等，如一真地。"看平等法门，像证悟一真法界。实际上一切法，理是平等的。一切法，自一微尘、一草一木，乃至山河大地，虽有差别，名相不同，都是中道实相，法性平等。所谓色空不二、内外不二、因果不二、性修不二、染净不二、自他不二、权实不二，一切无有高下。真如界内，众生与佛，都是假名。平等性中无自他的形像，在解脱的境界，超越了众生与诸佛凡圣假名的概念。平等性是人人本具的功能，竖穷三际，横遍十方，无始无终，无内无外。我们迷惑时，这个自性显示不到，作用发挥不出来，故此我们时刻要提醒自己，要觉悟，这样才能趣向菩提，离佛道就不会远了。我们修行，就是要找回自性真如，非常重要。

"视兴化，如四时木。"为了兴隆佛法，化度群伦，当观自然界四季的变化，如树木在春夏秋冬四季，会随着时间，呈现不同的境像，春天花开，秋天结果。今日，我们用已证悟之法，去度化众生时，也要随着时节因缘，以圆融无碍中道之法，契机契理，令大众皆可实际受裨益。

佛陀非常清楚，所有凡夫，都以自我为中心，就是为了这个"我"，没有察觉自己所拥有的一切，包括自己的生命，终于都是会失去的。所以经常做出种种不合情、不合理、不合法的事情。修行先要破这个假我，显出真我。在修的过程中，我们可能用种种法门，以便获取禅定，乃至涅槃。不论用哪种方法，必须明白，一切诸法，都是虚幻不实的假相，执著它就是法执，法执也要破除。我法既破，生死自得解脱，来去自由，这才是真正的解脱。

"诸大比丘，闻佛所说，欢喜奉行。"会上诸大比丘，包括佛陀的四众弟子：比丘、比丘尼、优婆塞、优婆夷，听到佛的教诫，生大欢喜，雀跃万分，依教奉行。

叮咛语：

人生在世，往往用了很多时间，去追求世间的名闻利养、富贵荣华。如果做人的目标，是去追求这些，这是造业，是制造烦恼。所以佛陀教导我们，修行一定要破我执和法执，我法二执既破，智慧才能现前。有了智慧，能观一切法，悉皆如幻，即使未能成佛，也替自己消除一些业障与烦恼。要破执著，并不容易，唯有从基本功做起，持戒、念佛、静坐等等，修清净心，因为心净则国土净。阿弥陀佛。